水族造景一本通

水草缸 · 水陆缸 · 雨林缸

梁劲　盘育成◎著

U0231425

化学工业出版社
·北京·

图书在版编目（CIP）数据

水族造景一本通：水草缸、水陆缸、雨林缸 / 梁劲，
盘育成著. -- 北京：化学工业出版社，2023.5（2025.3重印）
ISBN 978-7-122-42970-4

Ⅰ. ①水… Ⅱ. ①梁… ②盘… Ⅲ. ①水族箱 - 景观
设计 Ⅳ. ①S965.89

中国国家版本馆CIP数据核字（2023）第029719号

责任编辑：刘晓婷 林 俐　　　　　　　　　装帧设计：对白设计
责任校对：宋 玮

出版发行：化学工业出版社（北京市东城区青年湖南街13号　邮政编码100011）
印　　装：北京宝隆世纪印刷有限公司
710mm×1000mm　1/16　印张12½　字数300千字　2025年3月北京第1版第4次印刷

购书咨询：010-64518888　　　　　售后服务：010-64518899
网　　址：http://www.cip.com.cn
凡购买本书，如有缺损质量问题，本社销售中心负责调换。

定　　价：78.00元　　　　　　　　　　　版权所有　违者必究

前 言
PREFACE

　　在高楼林立的城市里生活久了，压力和烦恼仿佛使人透不过气，本能地，人们更加向往大自然。通过与大自然的接触，不仅释放自身的压力和烦忧，也懂得了享受和欣赏大自然的美，进而就有了把大自然搬回家，使自然融入日常生活的想法。这就是自然生态景观造景，也就是水族造景，兴起的契机。水族造景可以使人们在城市的生活环境中感受到自然的气息。水族造景是在对自然景观还原的基础上进行美术加工，既需要对生态系统有所了解，也需要掌握一定的美学基础。这是两个不同的领域，目前综合性的相关资料和书籍较为缺乏，所以我们有了写这本书的想法。本书综合介绍了如何通过合适的器材配置创造出适合动植物生长所需要的环境和生态系统，如何通过美学的知识和造景技巧把大自然的美呈现出来，以及如何通过后期维护使得大自然的美能持续保持下去。

　　考虑到不同的读者对于造景类型需求有所不同，本书尽可能详细地介绍了市面上流行的造景方式，包括水草造景、水陆造景、雨林造景，希望能给更多的人带去帮助。授人以鱼不如授人以渔，本书并不是简单地告诉读者怎样复制某个景观，而是通过造景理论和手法的介绍，以及不同类型景观的详细搭建过程，让读者可以更直观地理解造景的原理和过程，一步步打好基础，进而能独立地将自己心中的景观呈现出来。

　　水族造景并不只是一件简单的摆设，而是一门有生命的艺术。它需要造景者了解自然生态系统，更需要造景者具有动手能力。读者在阅读本书的过程中，可以根据书里的内容，多动手训练，通过实操透彻理解书里的知识，以至灵活运用，这样才能体验到创作的乐趣。

　　本书在写作过程中得到了很多朋友的帮助，他们无私为本书提供了大量的案例图片及内容建议，在此特意致谢（排名不分先后）：邹维新、张剑锋、王超、范哲敏、杨雨帆、叶毅、陈静斌、郎泽华、罗竞学、杨远志、付岩松、潘俊峰、何翌、萧旭宏、胡国辉、刘京、梁健聪、张蓓蓓、周根中、王泽坡、刘杰、褟东升、张大东、张振东、陈立仪、刘经杰、李爽。

目 录
CONTENTS

第3章　水族造景的技巧 055

第4章　水族造景的开缸实例 ⋯⋯⋯⋯⋯ 077

第5章　水族造景的后期维护及鱼类选择 ⋯161

第6章　水族造景作品赏析 173

第1章
水族造景的发展

水族造景是由水上、水下植物，以及木头、石头、沙等素材，从美学艺术角度出发，并按照动植物的生活习性和特点，构建出的微自然生态环境，各种生物在这一系统里共同生存，达到生态平衡。水族造景发展到今天，形成丰富多样的造景类型，主要包括水草造景、水陆造景、雨林造景、苔藓微景观和原生缸造景等。

1. 水草造景

　　水草造景发源于欧洲，19世纪在英国以玻璃水族箱的方式诞生。到了20世纪60年代，德国以水草缸的形式完成了硬件系统的建设，使得水草造景有了可持续发展的基础。天野尚先生创立的日本天野水族设计株式会社（也就是大家现在耳熟能详的ADA公司），在1987年设计并生产了世界上第一套用于水草光合作用的二氧化碳供应系统，使得水草有了更加合适的水下生长环境。得益于日本ADA公司举办的世界水草造景大赛（The International Aquatic Plants Layout Contest，简称IAPLC）和美国国际水生园艺者协会（Aquatic Gardeners Association，简称AGA）举办的AGA国际水草造景大赛的长期开展，还有互联网技术的飞速发展，水草造景慢慢开始进入人们的生活。进入中国后，在大量爱好者和从业者的推动下，水草造景发展出更多适合我国国情的形式变化。

ADA颁奖典礼

AGA官网页面

2. 水陆造景

　　水陆造景是由水草造景和我国传统的山水盆景结合衍生出来的一种新兴造景方式。我国的山水盆景艺术有着悠久的历史，起源于古人对自然山石的赏玩。盆景师善于利用各种石头模拟大自然的崇山峻岭，搭配上作为主体的造型植物，如罗汉松、九里香、黄杨、对节白蜡、榆树、五针松、南天竹等，营造出微缩的景观效果。水陆造景正是吸收盆景艺术的造景手法，以石为山，以小型植物为植被，再整合鱼缸的水体部分，饲养一些小型鱼虾，让整个景观更富有生气和动感。水陆造景的可观赏性和简单维护性让它受到许多消费者的青睐。

3. 雨林造景

　　热带雨林是地球上物种最丰富的地方，雨林造景正是模仿热带雨林生态环境的一种造景形式。雨林造景力图展示大自然的原始魅力，具有绚烂的色彩、丰富的植物搭配、全自动化的保湿系统。雨林造景的种类有很多，有不同的用途和不同的表现方式。欧美国家传统的雨林造景往往是作为爬虫宠物的生活环境，中国则更多侧重于景观的观赏性。表现方式除了最常见的雨林缸体，还有用水池制作大区域的雨林展示以及用幕墙形成垂直雨林展示。

4. 苔藓微景观和原生缸造景

　　苔藓微景观是将苔藓、多肉等小型的植物，以及适当的场景道具，如篱笆、砂石、可爱的卡通人物或动物等装进一个容器里，构成妙趣横生的场景。苔藓微景观适合放置在书桌或者办公桌上，当学习工作累了的时候，能起到很好的调节减压的作用，生活中多种情绪也能在方寸之间得到释放，深受上班一族和小朋友的喜爱。

　　原生缸很好地诠释了返璞归真，尽可能还原真实的河流或溪流的水下环境。在现实的河床中，由于环境限制等各种因素，水草种类远没有水草缸中那么丰富，水质也没有那么清澈。原生缸则忠实地反映了河床的实际景观，昏暗的光线、稍微浑浊的水质、凌乱的沉木碎枝、简单的一两种水草搭配或者完全没有水草。

5. 水族造景在生活中的应用赏析

不同类型的水族造景在家居空间以及公共场所能起到了极佳的装饰效果。

第 2 章
水族造景的基础

1. 硬件篇

　　无论是水草造景，还是水陆造景，抑或是雨林造景，都蕴藏着一个完整的生态系统。因此，需要合理搭配硬件设备让这个生态系统正常地运作起来，其中包括基础容器、过滤系统、光照系统等。

（1）水草造景设备

① 水草缸

　　水族箱在很长一段时间内主要是作为饲养观赏鱼等水生动植物的容器，人们透过它可以观察欣赏里面动植物的生长情况。随着人们审美水平的提升，水族箱除了饲养观赏鱼的传统用法之外，已经延伸成为各种新式造景的容器载体。比如，以观赏水草造景为主的水草缸、半水半陆的水陆缸、搭配喷淋系统的雨林缸等，它们都需要有一个与之匹配的水族箱作为容器。

　　市场上的水族箱种类繁多，怎么挑选合适自己的水族箱呢？先让我们来了解一下水族箱的分类。

　　根据水草缸的构成材质，一般可分成塑料、普通玻璃（浮法玻璃）、超白玻璃、亚克力四种。

塑料水草缸。一般容积不大，基本上只能临时使用。

普通玻璃水草缸。是使用时间最长、使用频率最高的水族箱，具有适宜的通透观赏度、使用寿命长等优点。

超白玻璃水草缸。使用的是透明度超高、含铁量超低的超白玻璃（也称低铁玻璃、高透明玻璃）。超白玻璃是一种高品质、多功能的新型高档玻璃，透光率可达91.5%以上，同时具备普通玻璃所具有的一切物理性能和可加工性能。由于人们对观赏要求的不断提高，超白玻璃水族箱具有的高透明特性让它慢慢取代普通玻璃成为市场上的主流产品。

亚克力水草缸。亚克力具有极佳的耐候性和加工可塑性，一般用于超大型的水族箱设计，例如海洋馆等。因为亚克力材质比玻璃材质的硬度低，所以当缸壁有藻类滋生需要清理时要格外小心，不然很容易产生刮痕。

　　教大家一个简单的区分普通玻璃和超白玻璃的小技巧，从玻璃的侧边看过去，超白玻璃是通透到可以看到另外一个侧边，而普通玻璃就没办法看到。图中左侧为普通玻璃，右侧为超白玻璃。

普通玻璃　　　　超白玻璃

根据水草缸的结构，市场上可购买到的水草缸大致可分为密封式和开放式两种。就水草造景而言，更推荐的是超白玻璃的开放式水草缸。

密封式水草缸。也称为成品缸，以饲养观赏鱼类为主。箱体上一般是有盖的，可以保持水族箱的温度，防止大型观赏鱼类因受惊而跳出水族箱的情况。一般在盖上还会设置具有增色作用的人造光源，使得水族箱里的观赏鱼更加艳丽夺目。

开放式水草缸。上方没有盖，是用五块玻璃黏合而成，也称为裸缸，更适合水草的饲养。相对饲养观赏鱼类来说，饲养水草需要的环境要求更高，需要更多、更专业的饲养设备。开放式水族箱上方可以提供足够的空间，方便搭配水草需要的专业照明系统、过滤系统等设备。此外，夏天水温过高时，也利于水体蒸发带走热量。在开缸水草的种植和日后水草的修剪维护中，开放的顶部也更加方便。

市面上的水草缸一般为行业制定的标准尺寸，常见尺寸（长/cm×宽/cm×高/cm）有60×40×40、90×45×45、120×50×50、150×50×50、180×60×60。水草缸的高度不宜太高，这与后面要提到的照明系统有着密切的关系。

② **过滤系统**

• 过滤原理

过滤系统是维持整个景观生态平衡的重要组成部分，也可以说是整个景观的心脏。过滤系统的作用简单来说就是使水体保持清洁和创造适合生物生长的水体环境。过滤系统的工作过程是由物理过滤和生化过滤两方面共同组成的。

物理过滤是利用物理阻隔，即水流通过过滤材料后水内带有的固体垃圾，例如枯叶、大颗粒的鱼粪、喂食剩下的残渣等被阻截，达到清洁水休的效果。

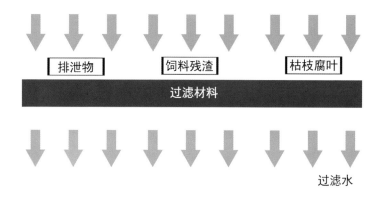

生化过滤是利用微生物的降解作用。在这个过程中，硝化细菌扮演着至关重要的角色。硝化细菌是一种好氧性细菌，能在有氧的水中或砂层中生长。主要包括两种菌群：亚硝酸细菌和硝酸细菌。水中生物新陈代谢的排泄物和水中残留的一些蛋白质（例如生物的尸体或者投喂过剩的饲料等）腐败后会转变成氨（NH_3，又称阿摩尼亚），氨是鱼缸水体中毒性很强的物质，水体中氨浓度超过0.2ppm时就会造成鱼类急性死亡。这时候就需要硝化细菌派上用场了。

硝化细菌中的亚硝酸细菌会先把氨氧化成亚硝酸（HNO_2），然后硝酸细菌再将亚硝酸氧化成硝酸（HNO_3）。硝化作用必须通过这两类细菌的共同作用才能完成。

$$2NH_3 + 3O_2 \xrightarrow{\text{亚硝酸细菌}} 2HNO_2 + 2H_2O + \text{能量}$$
$$\quad\ \text{氨}\qquad\text{氧}\qquad\qquad\qquad\text{亚硝酸}\quad\ \text{水}$$

$$2HNO_2 + O_2 \xrightarrow{\text{硝酸细菌}} 2HNO_3 + \text{能量}$$
$$\text{亚硝酸}\quad\text{氧}\qquad\qquad\qquad\text{硝酸}$$

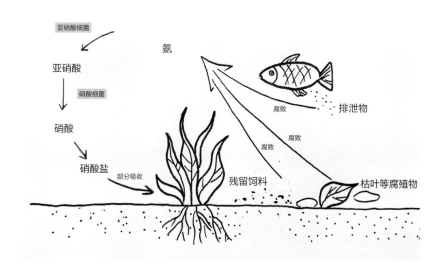

硝化作用完成得越好，水中氨的浓度就会越低，毒性就越低，所以要尽可能在水体中繁殖出更多的硝化细菌，这就是要在过滤系统中放入适合硝化细菌繁殖生长的过滤材料的原因。合适的过滤材料能使硝化细菌更好、更大量地繁殖，起到更好的硝化作用，净化水质。这其实就是俗话里经常说的"养鱼先养水"的道理。

需要强调的是，硝化作用会产生硝酸盐，虽然硝酸盐没有氨毒性大，而且植物能吸收一小部分，但长时间累积浓度还是会超标，导致生物慢性中毒。所以，水草缸需要定期换水稀释水中的硝酸盐。

● **常见过滤材料**

过滤棉。常用的有白棉、生化棉等，主要起到物理阻隔作用，需要定期清洗、更换，避免堵塞。

培菌性过滤材料。陶瓷环、石英球、细菌屋等，主要起到培菌、生化过滤的作用。这类材料通常是烧制而成，所以有很多微孔，这些微孔的存在增加了材料的表面积，能使更多的硝化细菌菌群在里面依附繁殖。

自带菌群的过滤材料。一种新型的过滤材料（例如水葆），是把一定数量的多种休眠菌群植入培菌材料里，菌群遇水后能自动激活，从而能够快速建立硝化系统，净化水质。有些除了具有正常的硝化作用之外，还具有反硝化作用，能把累积的硝酸盐也进行分解，有效地延长换水周期。

- **过滤形式**

瀑布过滤器。一种小型的外置过滤器，挂在水族箱的侧壁或后壁上使用。因为体积小，放置过滤材料的空间也有限，适合用于小型水族箱。

上置过滤器。由潜水泵和上置过滤盒两部分组成。上置过滤盒放在缸体上部，可以根据实际情况由一层或几层组成，里面放置过滤材料。潜水泵的作用是把水族箱里的水抽到上置过滤盒的顶层，水会随着重力作用逐层进行过滤。但由于水流长时间处在一个开放式空间里，二氧化碳会大量流失，不利于水草生长，而且上置过滤盒放在缸体上部会影响整体的美观度，所以水草缸很少用到上置过滤器。

底缸过滤器。是在水族箱底部连接一个体积较大的缸体作为滤材载体，因为空间大，相比其他过滤器能容纳更多的过滤材料，过滤效果也相对更好。虽然底缸过滤也会造成一定的二氧化碳流失，但从过滤效果和后期维护考虑，大型或超大型的水草缸还是推荐使用底缸过滤器。至于二氧化碳的流失可通过增大单个出气量或者增加钢瓶数量来弥补。

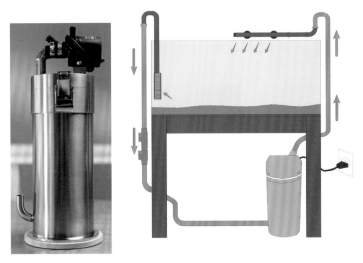

外置过滤桶。水草缸最常用的一种过滤设备。过滤桶内部是一个密封的空间，划分为2~5层不等的区域，每层可以按实际情况放置不同的过滤材料，以达到最好的过滤效果。水体通过管道，在封闭的状态下流经桶里的每层过滤材料，在不造成二氧化碳流失的情况下完成过滤，再流回缸里。

缸内底部过滤。在水草缸底部放置底板，连接潜水泵，缸底部的砂石作为过滤材料，形成缸内循环。这种过滤形式可以在不造成二氧化碳流失的情况下，既节省放过滤材料的容器，又能最大限度地增加过滤材料的数量。但是，用作美化点缀的砂石与专业的过滤材料相比，在过滤性能上还是有一定的差距，所以这种过滤方法在过去几年很少使用。直至最近一种新型过滤材料的出现，让人们再次选择这种过滤方式。这是一种自带菌群的过滤材料，其中植入了包括硝化细菌在内的各种休眠菌和水草生长所需要的一些微量元素。它的外形和水草泥相似，所以除了能起到过滤作用外，还能作为水草养殖的基质。

③ 光照系统

• 灯具种类

众所周知，阳光对于地球上的生物是必不可少的，对于植物更是如此。没有光，植物就无法进行光合作用，不能维持自身的生存，在室内养殖水草，需要通过专业的灯光来代替阳光，使其顺利进行光合作用。灯光的强度和光谱会直接影响水草的光合作用，因此合适的光源对于水草缸来说至关重要。适合水草造景的光源有荧光灯、金卤灯和现在流行的LED灯。

荧光灯。早期常用的水族灯管，有T5、T5HO、T8，它们的命名方式源自灯管的直径大小，分别为5英寸和8英寸，T5HO是普通T5的增强版，比T5更亮。荧光灯一般呈长条管状，整根发光，属于面光源，所以光线比较均匀，而且性能稳定，价格便宜。但因为其光线穿透力较弱，在比较大或水深比较深的水族箱里，能到达底部的光线较少，使得底部的水草吸收不到足够的光，从而影响生长。

金卤灯。早期大型或者超大型水草缸常配备的照明系统。金卤灯具有发光效率高、显色性能好、寿命长等特点，是一种接近日光色的节能光源，而且发出的光是全光谱，适合养殖水草。但是，金卤灯属于点光源，光线分布不均匀，灯的正下方光线比较集中，远离灯的位置或者有遮挡的位置，光线明显减弱。此外，金卤灯工作时会产生大量的热量，不太适合在天气炎热的南方使用。

LED灯。近几年在水族箱中非常流行的照明系统，既适合饲养观赏鱼的发色，也适合水草养殖。LED灯亮度高且省电，穿透力强且体积小，外形相比传统灯具更轻薄，更符合现代人的审美，所以LED灯是水草灯具未来的发展方向。但是，要制造出适合水草生长所需要的光线的LED灯需要较高的技术，水草LED灯还在不断完善的阶段。

- **灯光参数**

　　光照强度。对植物来说，光合作用需要光，那么多强的光照才合适呢？标准就是植物光合作用吸收二氧化碳与呼吸作用释放二氧化碳达到平衡状态时的光照强度。下面提供一个估算公式：灯具瓦数＝水草缸里的水体体积（升）×0.7。

　　比如一个120cm×50cm×50cm的标准鱼缸，水体体积为300L，根据公式适合缸体照明强度的灯具总功率大概为300×0.7=210W。当然，这只是一个参考值，需要根据实际情况灵活变动，以阳草为主的水草缸和以阴草为主的水草缸，所需要的灯具功率就会不一样。

　　色温。用于定义光源颜色的物理量。将黑体从绝对零度（－273℃）加热到一定的温度，其发射的光的颜色与某个光源所发射的光的颜色相同时，这个温度称为该光源的颜色温度，简称色温，计量单位为"K"（开尔文）。黑体在受热后，会逐渐由黑变红、转黄、发白，最后发出蓝色光。简单来说，色温越低，越趋向红色，呈现出暖色调；色温越高，越趋向蓝色，呈现出冷色调。对于观赏而言，以6500K作为正常日光色，低色温利于突显红色系水草，高色温更能突显绿色系水草。

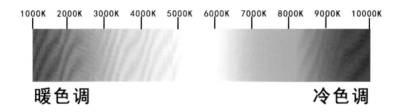

1000K 2000K 3000K 4000K 5000K 6000K 7000K 8000K 9000K 10000K

暖色调　　　　　　　　　　　　　　　**冷色调**

　　光谱。复色光经过色散系统（如棱镜、光栅）分光后，被色散开的单色光按照波长或频率大小依次排列的图案，全称为光学频谱。光谱与水草的生长密不可分，一个优秀的水草缸照明系统，其光谱是经过生产商优化设计的，更利于水草吸收。水草最容易进行光合作用的光谱区是红光区及蓝光区。

④ **二氧化碳系统**

　　植物的光合作用是吸收二氧化碳，释放氧气。水草缸里的水并不像大自然中的水体能够不断流动，尤其是对于密闭缸来说，里面的水体与空气的接触更是非常有限。因此水草缸里的水体自带的二氧化碳浓度是不足以满足水草的健康生长的，这就是需要引入外部二氧化碳系统的原因。引入二氧化碳能够满足水草光合作用所需，是水草造景历史上的一次革命。

　　对于传统的养鱼缸，因为担心鱼类缺氧，所以需要放置增氧泵。但是，水草缸中的水草可以通过光合作用产生氧气，所以只需要引入二氧化碳即可。当然，这也存在动态平衡的问题，如果鱼的数量太多，耗氧量超过水草产生的氧气量，就会出现缺氧情况。因此，要控制好缸内鱼的数量，才能使整个生态系统正常运作。

水草光合作用产生气泡

二氧化碳系统由钢瓶、减压阀、细化器、计泡器、止逆阀等组成。

钢瓶。容纳二氧化碳压缩气体的容器。市面上销售的二氧化碳钢瓶接口一般分为英制和公制，大小有2L和4L。英制的二氧化碳瓶以铝瓶居多，优点是外观漂亮、质量轻，缺点是比较难找到充气的地方，因为我们国家大部分充气的地方都是支持公制的。钢瓶的容量选择根据水草缸缸体的大小而定，如果空间宽裕，建议采用4L钢瓶，这样就不需要频繁充气。钢瓶内的二氧化碳是以压缩状态存在的，具有一定的压力，因此在选购钢瓶的时候，要选择有专业制造资质的钢瓶生产商，以防劣质产品发生危险。

细化器。二氧化碳是以气体状态输送到水草缸里面的，气体密度比水要小，很容易就直接浮出水面进入大气中。细化器的作用就是把二氧化碳气体变成很多细小的气泡（直径小于1mm），让这些气泡尽可能长时间留在缸体里面供水草吸收。安置二氧化碳细化器的时候，尽可能把细化器安置在过滤系统的出水口附近，让这些小气泡可以随着水流扩散到整个缸体，更有利于水草的光合作用。

减压阀　　　　　　　　　　计泡器

减压阀。因为二氧化碳气体在钢瓶里面是以压缩状态储存的，所以与外界存在压力差，而且这个压力是高于细化器和气管所能承受的极限。因此，需要通过减压阀把钢瓶里出来的压缩气体的压力减小，再通过气管输送到细化器。

计泡器。用来控制每秒钟进入水草缸的二氧化碳的含量，可以根据水草缸里面水草品种的不同需求灵活设定。计泡器一般与减压阀相连。

止逆阀。当钢瓶里面的二氧化碳耗尽后，钢瓶里的压力减小，会导致水通过气管倒流进钢瓶，从而损坏钢瓶。因此，需要设置止逆阀，防止水倒流。现在大部分细化器或者减压阀的计泡器都自带止逆功能。

⑤ 温度控制系统

• 制冷系统

　　大自然中的水温一般在28℃以下，因此为了让水草缸里的水草健康生长，缸里的水温也需要控制在28℃以下。水温长时间过高，会导致水草停止生长，甚至融叶、坏死。28℃以下的水温在我国的北方地区并不难达到，但在南方地区就需要投入一定的硬件设备。下面来了解一下常用的降温控温设备。

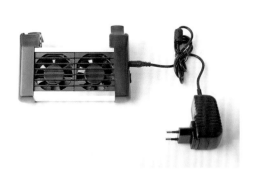

风扇。一般选择夹缸壁的安装方式，降温原理是利用水面气体流动蒸发水分带走热量。但这种方法的局限性很大，能降低的温度也是微乎其微，只有1~2℃，对于炎热的南方来说并不适宜。

水冷机。一种比较高效的降温方式。制冷原理和一体式空调一样，通过压缩机和制冷剂，让流经铜管的水体进行热交换后进入缸体，从而有效降低水体温度。缺点是占地方、价格高，而且热交换所产生的热气难以处理。它不像分体式空调，负责热交换制冷的主机是放置在室外的，这样热气就可以排放到室外。水冷机通常放置在鱼缸底柜里，热交换制冷时产生的热气要么封闭在底柜内，导致底柜内温度过高，水冷机停止工作；要么打开柜门把热气排放到室内，这样就会形成凉了鱼缸热到人的尴尬局面。

空调。这是比较推荐的一种降温方式，既能够高效地降低水温，也避免了热气没法处理的尴尬情况。空调能把鱼缸周围的环境温度整体降下来，这时候如果再配合风扇，鱼缸里面的水体就能很好地维持在合适的温度范围。

● **加温系统**

　　现如今室内温度已经很少低于0℃了，鱼缸里面的水体几乎不可能结冰，因此基本上不会冻坏水草。那么，加温又是为了什么呢？没错，是为了水草缸里面的鱼类、虾类等动物。饲养在水草缸里面的鱼类基本上都是热带鱼，水温最好能保持在25℃以上。

　　加热棒。加温系统比较简单，一根功率合适的加热棒就可以了。现在的加热棒具有自动控温的功能，设置好启动温度后，只要水温低于这个温度，加热棒就会自动加热，将水温保持在设定温度。需要注意，水草缸换水时，要记得拔掉加热棒的插头，工作时的加热棒裸露在空气中，很可能干烧炸裂。建议大家选择加热棒的时候选择有塑料外套的，即使忘记拔掉插头，发生意外时也有胶套保护，不会造成炸裂。

⑥ 除油膜系统

　　油膜是如何产生的呢？这里涉及一个物理概念——液体的表面张力。由于水草缸的水面一般比较平静，不会有太大波动，因此水体的表面张力也比较大。大气中的灰尘和悬浮物飘落到缸里的时候，就会被这个表面张力托着，不会沉到水里。久而久之，水面上就会形成一层反光的脏东西，称为油膜。油膜一方面不美观，会影响水草缸的清透度，另一方面会反射一部分光线，使得水草缸里面的水草不能接收到需要的光照。因此，必须要去除油膜。

有动力式　　　　无动力式

　　除油膜器。一般分为两种，有动力式和无动力式。顾名思义，有动力式就是将电力转化为动力吸附油膜（左图）。无动力式则需要接在外置过滤桶的进水管分支上，利用过滤桶的抽水动力对油膜进行吸附（右图）。两者各有所长，可以根据自己的需要选择。

　　另外，还可以通过上层鱼类控制油膜。这类鱼一般生活在水体的上层，靠吃水面的浮游生物为生，在它们觅食的时候，能够顺带着清除部分油膜。但是，这种生物法的控制能力有限，小缸体会有一定效果，大缸或者超大缸体就会显得捉襟见肘。

（2）水陆造景设备

① 水陆缸

水陆缸缸体一般为斜口缸，缸体长度没有限制，宽度一般在30cm以上。缸体背后有泵仓，作用是把过滤材质和过滤泵分隔开，避免过滤泵堵塞，方便过滤泵损坏后更换。

前挡板一般在20cm以下，后挡板的高度会因为不同的保湿方式而不同。水陆缸一般有两种给植物提供水分的方式。一种是自吸式，比较适合小型的水陆缸体，原理是通过毛细现象，靠底泥吸收缸底的水分保证苔藓和植物的健康生长，所以高度建议在50cm以下，最高不要超过60cm。高度过高，会导致泥土毛细现象减弱而吸收不到足够的水分，植物因为水分不足而生长不良甚至枯萎。另一种是通过外部喷淋提供植物生长所需要的水分，这种方式比较适合大型的水陆缸体或者水陆池。因为有外部的喷淋系统定时定量提供水分，所以对于水陆缸体的高度没有限制，但宽度最好在60cm以上，能最大限度防止喷淋出来的水喷到缸外。

自吸式水陆缸

喷淋式水陆缸

② 过滤系统

　　水陆缸一般采用两种过滤方式，缸内过滤或缸外过滤。缸内过滤是利用潜水泵带动水流循环，常用的滤材有陶粒和轻石。缸外过滤是安装外置过滤桶，把缸里的水引到外置过滤桶进行过滤，然后回流到缸里面去。外置过滤桶使用的过滤材料和水草缸是一样的。

陶粒

轻石

③ 光照系统

　　水陆缸的灯具选择基本和水草缸是一样的，但由于水陆缸是开放式环境，不像水草缸那样植物都处于水下，所以对灯光的穿透性要求不高。

④ 保湿系统

　　苔藓是水陆缸最常用的植物，苔藓的生长需要稳定的环境，尤其是稳定的湿度。缸所处的环境不同，湿度的稳定程度也会有所不同。我国南方地区湿度较高，而北方地区比较干燥，另外，通风的地方湿度难以保持。因此，需要根据不同的环境湿度，采取不同的保湿方式。如果缸体放置在南方室内空气流动不大的角落，同时缸体的高度低于50cm，完全可以依靠泥土本身的毛细现象来保持湿度，并不需要额外增加保湿设备。但是，当环境湿度不能满足植物生长的时候，就需要借助加湿设备。

常用的加湿设备包括雾化设备和喷淋设备，其中雾化设备又分为简易型雾化器和雾化桶两种。雾化桶和喷淋系统在中小型水陆缸中应用比较少，它们主要应用于雨林缸的加湿，是雨林缸里必不可少的组成部分，因此将这两种加湿设备放在雨林缸部分详细介绍（见29页和30页）。这里先介绍一下简易型雾化器。

简易型雾化器放置在水中通电后会把水变成水雾，向外扩散，达到区域内保湿的效果。由于雾化头的雾化片大小有限，并不能大量造雾，因此只适合中小型的水陆缸，能起到局部保湿的作用。雾化器的出雾量也跟水体的洁净程度有直接关系，如果水体长期浑浊，会引起雾化器故障。

（3）雨林造景设备

① 雨林缸

雨林缸缸体没有固定的标准，可以根据实际需要定做合适的尺寸，而且也不局限于玻璃容器，可以是水池或者整个庭院等。由于雨林植物本身的尺寸比较大，需要的生长空间也大，所以一般雨林造景的尺寸都是比较大的。

② 过滤系统

　　雨林造景可以是带水体的，也可以是不带水体的。如果是带水体的，一般分为景观内部过滤和景观外部过滤两种。内部过滤是直接设置在景观水体里面的，通过底部造景石块进行隐藏。常用的滤材有陶粒和轻石，过滤原理类似于水陆缸。外部过滤的简易方式类似于水草缸，通过外置过滤桶完成。如果雨林造景底部是体积比较大的鱼池，则需要在鱼池旁边建造过滤池，原理类似于底缸过滤。如果是不带水体的，可以不用考虑过滤系统，只需要在底部设置如右图所示的排水装置就可以。

③ 光照系统

　　雨林缸的长度如果在一两米的范围内，可以选择LED板灯。但如果是大型缸体，就需要用到轨道植物射灯，与装修工程中用到的轨道射灯的轨道是一样的，只是灯泡需要选用植物灯。轨道植物射灯安装和调整都很方便，特别适合结构复杂的造景的全局或局部照明。

④ 保湿系统

　　热带雨林是常见于赤道附近热带地区的森林生态系统，是地球上抵抗力、稳定性最高的生态系统，常年气候炎热，雨量充沛，季节差异极不明显。模拟热带雨林的雨林造景需要通过喷淋设备和雾化设备提供充足的水分，以保证较高的湿度。

● 喷淋系统

　　喷淋系统根据水源提供是否带有压力而分为自吸式和带压式两种。自吸式的喷淋水源是没有任何压力的，比如储水箱。带压式的水源是带有压力的，比如直接连接自来水管。可以根据实际情况选择合适的喷淋系统。不论哪种形式，喷淋系统都主要由以下几部分组成：增压泵、电磁阀开关、喷淋管道、喷头。其工作原理是利用定时开关设定好通电时间，然后连接电磁阀开关，当通电的时候，增压泵会进行抽水、增压、稳压工作，然后将水通过管道供给各个喷头，产生雨雾效果。实际造景中需要根据雨林造景的骨架和雨林植物种植的实际情况来布置喷头的位置。功率越大的增压泵能带动的喷头数目越多。

　　使用的自来水中或多或少都会带有一定的钙镁离子，因此直接使用自来水作为水源喷淋植物，时间长了就会在植物表面形成一层水垢，和自来水烧开后水壶壁上残留的水垢是一样的。这种现

增压泵

电磁阀开关　　　　　　　　喷头　　　　　　　喷淋管道及配件

象在南方没那么严重，但在北方就会相当严重。水垢会让植物看起来像蒙了一层灰，不仅影响观赏，而且还会阻碍植物的光合作用。因此，通常还会为喷淋系统配置净水机。市面上有专门配合喷淋系统的净水机，当喷淋增压泵工作需要抽水的时候，会带动净水机工作，产生过滤掉钙镁离子的过滤水供给喷淋系统。现如今很多家庭都会安装入户净水机，家里使用的水已经是纯净水了。因此可以把纯净水输出管直接连接到喷淋系统，或者把纯净水放满储水箱，以供喷淋系统使用。

净水机

- **雾化系统**

前面已经介绍了简易型雾化器，这里要介绍另外一种适合大空间造雾保湿的设备——雾化桶。因为雨林造景的空间一般都比较大，所以简易型雾化器无法提供足够的湿度，只能作为营造氛围效果的道具。这时就需要用到雾化桶。雾化桶的原理是通过大功率的雾化片产生大量的雾气，然后通过铺设的管道以及桶内自带的鼓风机把雾气引流到需要的地方。与简易型雾化器相比，除了功率大，雾化桶运转所需要的水是需要外接水管的，通过桶内浮球开关控制加水与否，这样可以保证水源充足而且水体是干净的，能够有效降低雾化片的损耗。

雾化桶

2. 软件篇

（1）底床

底床不仅可以定植水草，而且还可以为水草提供养分，调节水质，培养微生物菌群。底床的铺设对于大多数造景缸来说至关重要，水草根系的发达与健康对观赏状态的影响可谓巨大。常用的底床材料有砂质、陶粒和水草泥。

砂质底床。艺术性较高的水草造景缸以砂质底床居多，砂质底床不含肥效、不易爆藻、不坏水，可以长时间使用，可发挥的造景空间大。但需要额外添加基肥和液肥，也不具有水草泥的降酸和净水的功效，不适宜用于高端水草的繁殖及肥力要求较高的荷兰景。底床砂种类较多，一定要选用天然河砂，以中等偏细的颗粒为主（1mm左右），不要使用海砂、贝壳砂、菲律宾砂、人工彩砂等，这些砂子会引起水质变碱、变硬、污染等严重问题，不利于水草生长。

陶粒底床。常用作建筑材料、工程填料的陶粒也可以作为造景底床。陶粒由陶土经高温烧制而成，多孔的结构非常利于优化种植，可以活化底床，帮助底床沉积物质分解，增强底床透气性。陶粒本身无肥效，需要额外添加基肥和液肥，新手使用起来有一定难度，前期不易掌握。

水草泥。目前应用最多的底床材料。水草泥由一定的沼泽、湿地黑土配以其他成分组成，经过造粒并加以适宜的高温烧制而成，含有一定的氮、磷、钾，及多种中、微量肥料元素。本身呈弱酸性，同时加入净水成分，对水质有一定的净化和降酸能力，能为水草营造良好的生长环境，适用范围很广，也易于上手。但它也有一定的缺点：前期肥效释放较快，需要通过大量换水来稀释；使用周期较短，一般情况下一年到一年半即发生粉化现象，严重的还会板结；由于水草泥有机质含量较高，加之后期的粉化，会导致底床缺氧腐败，以及有害厌氧菌和蓝绿藻滋生，从而影响水质和植物生长。

可以通过在水草泥下层铺设底床添加剂和能源砂，对单一床底进行改善，营造多元化的复合底床，打破单一底床材质的局限，解决或延缓单一水草泥可能带来的问题，使水草及生物健康生长。

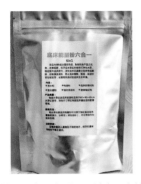 

底床添加剂。可净化水质，通过离子交换及吸附的方式稳定提升底床肥力，防止底床腐败、板结，维持长期良好的底床生长环境。

能源砂。含有机营养素及微量元素，多孔隙结构可提升底床透气性，拥有培菌能力，真正创建活性底床，防止底床板结。

水陆缸和雨林缸因为制作过程和生态系统不同于水草缸，底床不作为定植植物的载体，只需起到过滤和美化作用，所以通常使用陶粒、轻石等作为过滤，使用砂质材料作为装饰。

（2）造景骨架素材

一个漂亮的水族造景，除了植物外，还需要配搭合适的石材或沉木搭建景观骨架，不但能作为定植植物的载体，而且能营造空间氛围，为景观增添真实的自然气息。这些扮演着关键角色的材料，我们称为造景骨架素材。

• 石材

青龙石。形状多样，纹路容易搭配，但会使水质变硬，尤其注意会对水草缸里的水草生长造成影响。

松皮石。形态多为山峰形状，适合做山体景观，特别是远景山峰，但石头里夹杂很多泥土，需要彻底冲洗干净才能使用。

火山石。表面粗糙，有很多细孔，是很好的水草和菌群载体，雨林景观中使用率比较高。常见的有红色和黑色两种。

木化石。纹路比较有历史感，形状有断层的片状、块状、棱角状等，石质坚硬，比较难塑形。对水质影响小。

木纹石。形状以条状和块状居多，纹理比较清晰，适合用来营造群山地貌。但石头表面粉尘比较多。

此外还有千层石和鹅卵石等天然石材，也可以根据其特点作为造景素材。

● 沉木

阴木。自然环境中由于各种自然灾害，树木被埋进河床里，在缺氧、高压和微生物作用下，经过成千上万年的炭化过程便形成阴木。阴木因为炭化不完全，会在水中分解出单宁和腐殖酸，会使水体呈现黄色。

流木。 植物在沼泽地或河床中腐化脱皮而成。

半沉木。 严格来说并不算沉木，是被人为地增加树枝或树根的含水量而达到沉水标准，常用在水草缸里，例如杜鹃根。

3. 植物篇

（1）水草缸常用水草

　　水草的种类非常多，有原生品种、自然杂交变异的品种、人工改良和培育的品种等，但是在一般的水草造景中，常用的植物种类其实并不多。大部分的水草都喜欢生长在弱酸性的软水环境中，并且水温要控制在28℃以下。如果水温长期超过28℃，部分水草会停止生长，长期超过30℃会导致水草死亡。只要满足以上的条件，大部分的水草都能够健康地生长。下面列举一些常见常用而且比较容易养殖的水草品种。

矮珍珠

- ◉ **需 肥 量：** 中等肥量
- 🌿 **CO_2需求：** 需要添加
- ☀ **光照需求：** 强光照
- ⏱ **生长速度：** 中等
- 💧 **水质要求：** 弱酸性或中性软水 ❶

比较简单的入门型草坪类水草，属于有茎水草，但茎部却不直立，而是匍匐在底部生长。匍匐茎会呈扩散状蔓延开来，最后铺满整个底部，匍匐茎上的叶片生长浓密，宛如草坪一般。矮珍珠对光照的要求不算很高，没有二氧化碳的情况下也能缓慢生长但难度较大。

趴地矮珍珠

- ◉ **需 肥 量：** 中等肥量
- 🌿 **CO_2需求：** 需要添加
- ☀ **光照需求：** 强光照
- ⏱ **生长速度：** 中等
- 💧 **水质要求：** 弱酸性或中性软水

又称爬地矮珍珠，为近几年兴起的一种前景草品种。养殖难度较低，即使没有二氧化碳也能缓慢生长，因此受到广大水景爱好者的喜爱。趴地矮珍珠根系强健，除了传统种植方式外，还可以依附在石头和沉木上，种植方法多样。

---

❶ 软水：水的硬度是指溶于水中的钙、镁等化合物的含量，用GH表示，硬度大于7的水称为硬水，硬度小于7的水称为软水。

鹿角矮珍珠

- **需 肥 量：** 中等肥量
- **CO₂需求：** 需要添加
- **光照需求：** 中等光照
- **生长速度：** 慢
- **水质要求：** 弱酸性或中性软水

有茎类爬行生长的水草，在水草缸中通常扮演前景草的角色。叶片像鹿角一样有分叉，具有很高的观赏性。对温度比较敏感，温度高时容易发黑。

日本珍珠草

- **需 肥 量：** 中等到高肥量
- **CO₂需求：** 需要添加
- **光照需求：** 中等到强光照
- **生长速度：** 快
- **水质要求：** 弱酸性或中性软水

日本珍珠草更接近于后景草，但通过修剪的方式也可作为前景草。在强光下会匍匐生长成一片，叶子纤细，群生时更是美丽。在二氧化碳量少的情况下仍能正常生长，不过在高浓度的二氧化碳中生长更迅速。

牛毛草

- **需 肥 量：** 中等到高肥量
- **CO₂需求：** 需要添加
- **光照需求：** 中等到强光照
- **生长速度：** 中等
- **水质要求：** 弱酸性或中性软水

造景中常用于前景，可以营造草原的景观，在赛事中也常被混杂于其他类型的前景草中以增加前景草的丰富性。与牛毛草类似的前景草还有迷你牛毛草，株型更为矮小。

天胡荽

- **需 肥 量：** 低到中等肥量
- **CO₂需求：** 可添加
- **光照需求：** 中等到强光照
- **生长速度：** 快
- **水质要求：** 弱酸性或中性软水

非常常见的水草，在南方土地上也随处可见，种植简单、生长迅速，可以爬成一片草地，也可以顺着骨架攀缘而上。天胡荽对高温较敏感，水温高易发黄，生长速度较快需要经常修剪才能保持整齐。

汤匙萍

- 需 肥 量：中等肥量
- CO₂需求：需要添加
- 光照需求：中等光照
- 生长速度：中等
- 水质要求：弱酸性或中性软水

因其叶形如汤匙而得名，以走茎匍匐繁殖，常用作前景草，成景后经过适当的修剪可以形成大片绿色草坪的效果。汤匙萍属于前景草坪中对光照要求稍低的品种，生长过程中偶尔会长出类似四叶草的开裂叶片。汤匙萍对硝酸盐的需求较大，水中硝酸盐含量低时叶片颜色会泛白。

柳叶铁皇冠

- 需 肥 量：低肥量
- CO₂需求：可添加
- 光照需求：弱光照
- 生长速度：慢
- 水质要求：弱酸性或中性软水

由铁皇冠人工改良而来的蕨类植物，适应能力良好，对光照需求极低，非常容易栽植。国内水草批发中也常把柳叶铁皇冠叫作国产细叶铁。

细叶铁皇冠

- 需 肥 量：低肥量
- CO₂需求：需要添加
- 光照需求：中等光照
- 生长速度：慢
- 水质要求：弱酸性或中性软水

既可作为造景水草在水下养殖，也可在高湿度环境中陆生栽培。一般用透明鱼线捆绑在沉木或石头上，也可直接塞进沉木或石头的缝隙间固定。温度超过28℃会停止生长甚至发黑死亡。

黑木蕨

- 需 肥 量：低肥量
- CO₂需求：需要添加
- 光照需求：中等光照
- 生长速度：慢
- 水质要求：弱酸性软水

叶片呈绿色半透明的蕨类水草，水中叶长在20~30cm。喜好偏酸性的软水，处于偏碱性的硬水中时，叶片上会出现黑色斑点甚至完全变黑。使用方法是绑在沉木或石头上做造景。生长缓慢，在条件适宜情况下五六天生长一片新叶，需要较长时间才能长到理想的大小。

水榕

- 📷 **需肥量：** 低肥量
- 🌫 **CO₂需求：** 可添加
- ☀ **光照需求：** 弱光照
- ⏱ **生长速度：** 慢
- 💧 **水质要求：** 弱酸性到弱碱性的软水到偏硬水

相比其他水草，水榕可以说是非常有韧性且易于栽植的种类。在造景上水榕的绝佳搭档是流木，通常捆绑在沉木等骨架上。水榕有很多品种，如大水榕、小水榕、迷你水榕、瓦里斯榕、辣椒榕等，各品种生长习性类似。

椒草

- 📷 **需肥量：** 低到中等肥量
- 🌫 **CO₂需求：** 可添加
- ☀ **光照需求：** 弱到中等光照
- ⏱ **生长速度：** 中等
- 💧 **水质要求：** 弱酸性的软水到偏硬水

造景的常用水草，叶形狭长常作为前景草使用。椒草有很多品种，常见的有温蒂椒草、咖啡椒草、泰国青椒、美波利椒草，都是比较容易养殖的品种。

羽裂水蓑衣

- 📷 **需肥量：** 中等肥量
- 🌫 **CO₂需求：** 可添加
- ☀ **光照需求：** 中等光照
- ⏱ **生长速度：** 中等
- 💧 **水质要求：** 弱酸性的软水到偏硬水

挺水性水草，水上叶与水中叶同型，叶子细长，边缘纹路呈锯齿状非常吸睛，茎呈绿至红褐色。叶色也很多变，根据水草缸的水质、光照、肥料等不同，呈现出鲜绿、黄绿、橙红等多种色彩，受到水草玩家的喜爱。

宫廷草

- 📷 **需肥量：** 高肥量
- 🌫 **CO₂需求：** 需要添加
- ☀ **光照需求：** 强光照
- ⏱ **生长速度：** 快
- 💧 **水质要求：** 弱酸性的软水到偏硬水

生长迅速、形态美丽、叶子舒展、容易成活、易于配置，深受广大玩家的喜爱。很多草友在刚接触养草或造景的时候，都会首选宫廷草作为开缸的水草。宫廷草分布广泛，品种有红宫廷、绿宫廷、粉红宫廷等。

紫红丁香

- 🪴 **需 肥 量：** 中等到高肥量
- 🌫️ **CO₂需求：** 可添加
- ☀️ **光照需求：** 强光照
- 🐌 **生长速度：** 快
- 💧 **水质要求：** 弱酸性的软水到偏硬水

原产北美洲，叶子呈紫红色，叶长约2cm，十字对生。栽培难度较低，尤其在红色系水草中属于容易发色的品种，但是在碱性水质下叶片容易脱落。

红蝴蝶

- 🪴 **需 肥 量：** 中等到高肥量
- 🌫️ **CO₂需求：** 需要添加
- ☀️ **光照需求：** 强光照
- 🐌 **生长速度：** 快
- 💧 **水质要求：** 弱酸性的软水

红蝴蝶的生长离不开二氧化碳和软水，在充足的养分及光照条件下生长迅速，微量元素的添加有助于其生长。群植的红蝴蝶非常漂亮，但要注意植株之间不可太密，要留有适当空间，否则光线照不到下层的叶片。红蝴蝶可作为中景草或后景草。

小宝塔

- 🪴 **需 肥 量：** 中等到高肥量
- 🌫️ **CO₂需求：** 可添加
- ☀️ **光照需求：** 强光照
- 🐌 **生长速度：** 快
- 💧 **水质要求：** 弱酸性的软水到偏硬水

挺水性有茎水草。水上叶10轮生，像绿色的羽毛。水中叶8～13轮生，较为细软，黄绿色，顶芽颜色略深，呈褐色。能适应多种水质，生长速度很快，无需添加二氧化碳也能生长，但在弱光下有可能出现茎节明显拉长的情况。

水兰

- 🪴 **需 肥 量：** 中等肥量
- 🌫️ **CO₂需求：** 可添加
- ☀️ **光照需求：** 中等光照
- 🐌 **生长速度：** 快
- 💧 **水质要求：** 弱酸性到弱碱性的软水到偏硬水

多年生沉水性植物，叶片翠绿狭长，以走茎繁殖，在水草缸中非常容易栽培，在养分充足的水体中生长极为快速，需要及时修剪。

莫丝

汉译名称来自英文Moss，指苔藓类的植物，品种很多，形态各异，大部分品种对光需求不高，是水草养殖中常见而且容易上手的水草。但需要注意控制温度，是相对不耐热的水草，水温超过28℃开始出现枯黄现象。下面介绍几个常用的品种。

三角莫丝

- 🔲 **需肥量：** 低肥量
- 🌀 **CO₂需求：** 可添加
- ☀ **光照需求：** 弱到中等光照
- 🌱 **生长速度：** 中等
- 💧 **水质要求：** 弱酸性到弱碱性的软水到偏硬水

茎叶细长，叶对生，能形成三角形形态。生长速度快，能依附在石头或沉木上生长。

垂泪莫丝

- 🔲 **需肥量：** 低肥量
- 🌀 **CO₂需求：** 需要添加
- ☀ **光照需求：** 弱到中等光照
- 🌱 **生长速度：** 中等
- 💧 **水质要求：** 弱酸性到弱碱性的软水到偏硬水

叶片比较纤细，具有独特的泪滴状茎叶，会垂下来生长，极具美感。

火焰莫丝

- 🔲 **需肥量：** 低肥量
- 🌀 **CO₂需求：** 可添加
- ☀ **光照需求：** 弱到中等光照
- 🌱 **生长速度：** 中等
- 💧 **水质要求：** 弱酸性到弱碱性的软水到偏硬水

茎叶是向上生长的，形似火焰。

珊瑚莫丝

- 🔲 **需肥量：** 低到中等肥量
- 🌀 **CO₂需求：** 需要添加
- ☀ **光照需求：** 中等光照
- 🌱 **生长速度：** 中等
- 💧 **水质要求：** 弱酸性的软水或偏硬水

叶片小，叶形呈分叉鹿角状，攀附能力强，依附在石头或沉木上就能整片生长起来。珊瑚莫丝相对其他品种莫丝来说，对二氧化碳和光照的要求要高一些。

美国凤尾苔

- 🪴 **需 肥 量:** 低到中等肥量
- **CO₂需求:** 需要添加
- ☀ **光照需求:** 中等光照
- 📈 **生长速度:** 中等
- 💧 **水质要求:** 弱酸性的软水到偏硬水

叶片形状像凤凰的羽毛,假根可攀附在沉木和石头表面生长。

（2）水陆缸常用植物

福禄桐

常绿灌木或者乔木。喜温暖,不耐寒,耐阴性强,在明亮的光照下生长良好,忌阳光直射。造景时一般用于中前景,模仿近景树的感觉。长高后要勤于打头修剪,让其横向生长,形成球冠状。

小叶赤楠

常绿灌木。喜阳亦耐阴,耐干旱瘠薄。树冠规则紧凑,枝叶浓密,叶片细小,花朵粉白色,具有观赏价值,是传统的盆景制作材料。水陆造景的时候多应用于中后景,模仿远山的灌木丛效果。

六月雪

常绿小灌木，喜轻阴，畏太阳，对温度要求不高，耐旱力强。叶片细小，根系发达，适宜制作微型或提根式盆景，有很好的观赏价值。造景时常作为单独的造型树运用在景观的主体位置，作为作品的视觉中心。移植到缸里的时候要连土整盆移植，以免损伤根系导致落叶。

袖珍椰子

也称迷你椰子，是一种常绿小灌木。喜高温、高湿及半阴环境。袖珍椰子小巧玲珑，姿态秀雅，叶色浓绿光亮，是优良的室内中小型盆栽观叶植物。由于叶形偏小、茂密，常用于水陆缸的后景部分。

灰绿冷水花

也称BB草，多年生草本植物。喜半日照且温暖的环境，介质忌过度潮湿，否则叶片容易腐烂。植株低矮，匍匐密贴于地面生长，褐色的茎纤细且易分枝。叶片呈小巧的圆形，叶面灰绿色，色彩与质感相当特殊。常应用在水陆或雨林造景的高处，垂吊下来作为点缀。

台湾达摩小叶九里香

也叫迷你九里香。适合生长在沙质土壤中，需要明亮的光照，忌强光直射。与九里香相似，只是叶片较小，长3～6mm，树冠一般为球形，多用于微型盆景。近年来被应用到水陆缸中后景部分，模仿远处的树木。

狼尾蕨

又名骨碎补，由于其外露的根部长有很多银灰色的绒毛，看起来有点像狼的尾巴，因此得名狼尾蕨。生于山地林中树干上或岩石上，对土壤、温度和空气湿度要求较高，忌闷热，夏季要在保持环境湿度的情况下多通风。狼尾蕨是一种小型的蕨类植物，适合点缀在水陆缸的中后景位置。

网纹草

多年生草本植物。喜潮湿环境，生长期需较高的空气湿度。植株矮小，匍匐生长，叶面具细致网纹，颜色多样艳丽。用在水陆缸里能增添色彩，起到点缀的作用。

菖蒲

多年生草本植物。喜冷凉、湿润的环境，耐寒，忌干旱。根状茎粗壮，叶基生，剑形。生于沼泽地、溪流或水田边。适用于水陆缸和雨林缸的溪流边。

苔藓

作为水陆缸等小型场景景观的植被是不错的选择。水陆缸常用到的苔藓为短绒藓，叶子纤细，对湿度要求不高，比较容易养殖。

（3）雨林缸常用植物

雨林缸的魅力在于营造一个原始野性的环境，多样性的植物是造景的亮点之一，多种植物的搭配能给人带来生机勃勃的视觉效果。

积水凤梨

生长在热带雨林中的附生植物，具有螺旋状分布的叶片，中央可以积聚水分。颜色造型充满变化，是一种奇特的植物。雨林缸中常用的积水凤梨有N属、V属、Q属、A属等。其中N属的积水凤梨最常见，需要强光直射才能保持圆润饱满的形态和鲜艳的色彩，如果光照不够会造成颜色变淡变绿、形态拔高、叶子徒长等问题。

空气凤梨

不需要泥土，需要良好的通风，不能长期泡水或沾水，一般用于雨林缸中通风好、湿度较低的位置。空气凤梨有两种类型，一类叶片颜色偏银灰色，通常不耐高湿环境，用在雨林缸中比较容易烂掉；另一类叶子颜色偏绿，比较耐湿耐水，常见的精灵类空气凤梨就属于这个类型。

藤蔓植物

雨林缸常用的藤蔓植物有很多，比如霹雳（学名薜荔）、络石、千叶吊兰等。藤蔓植物通常生长快速，因此种植的时候要考虑后期修剪的问题。

花叶霹雳

花叶络石

蕨类

通常生长在阴暗潮湿的林地角落，亦有生长在高海拔的山区、干燥的沙漠、岩地、水里或平原等地的品种。蕨类品种比较多，可按雨林缸缸体的大小来选择蕨类的品种，常用的有波士顿蕨、夏雪银线蕨、鸟巢蕨、富贵蕨、狼尾蕨、银线蕨、纽扣蕨、冬青蕨等。

波士顿蕨

夏雪银线蕨

泰国冬青蕨

鸟巢蕨　　　　　　　　　　　　　　　　　富贵蕨

秋海棠

大多数分布在热带和暖温带地区，很多品种原产于美洲。秋海棠属于雨林缸中少有的大叶种类，耐高湿度、低光照的环境，而且色彩斑斓、花纹多变，常用于雨林缸较低的位置。

附生兰花

很多兰花属于附生植物，需要干湿交替等才能复花，雨林缸中的兰花通常以观叶和形态比较特殊的品种为主，如石豆兰、石斛等。

苔藓

雨林缸常用的苔藓有大羽藓、大灰藓等。大羽藓呈鲜绿色或黄绿色，茎匍匐生长，一般长5~10cm，叶片呈羽毛状，喜半遮阴和较潮湿的环境。大灰藓呈黄绿色或绿色，规则或不规则分枝，茎平铺或倾立，叶片从上半部分开始变得尖细，当环境干燥时，茎会向内卷曲。

大羽藓

大灰藓

在水草造景里，一般通过缩小比例来还原或模拟自然界的某个场景或局部景观，因此水草可以理解为现实场景中的植物的缩小形态。只有在充分掌握水草形态特征和生长习性的基础上，才能更进一步提升场景还原的真实感。接下来，让我们看看一些常用水草在造景中的搭配运用。

水芹和鹿角矮珍珠的运用

水芹的叶片呈羽状分支，可用于模仿中近景树上的叶片，鹿角矮珍珠则可以模仿树下的植物。

细叶铁和水兰的运用

想要表现一个比较野性的局部景观的时候，可以考虑使用细叶铁和水兰。它们的叶片都是细长形的，其中细叶铁的叶片会有不规则的弯曲度，水兰叶片长长后会随着水流飘动，大量使用能表现出狂野而飘逸的视觉效果。

火焰莫丝的运用

火焰莫丝叶片像火焰一样一根根往上生长，密植后看起来就像一丛丛中远景的针叶林。

绿藻球和珊瑚莫丝的运用

绿藻球和珊瑚莫丝属于叶片较小的水草品种，特别是绿藻球，外观呈绒毛球状。因此，两者比较适合作为远景的植被，模拟远处的树林、灌木丛或者大草原的感觉。

矮珍珠和天胡荽的运用

矮珍珠、天胡荽、牛毛草等匍匐生长的水草，由于叶片偏小且连片生长，可以作为前景草使用，模拟近景或者远景的草地或草原效果。

宫廷草、星珍珠等后景草的运用

宫廷草、星珍珠等长得比较快的阳性草，一般作为后景草使用。通过多次打头修剪，使其密植并呈一定的坡度和流动感，再配合多变的颜色，使整个景观变得动感且五彩缤纷。

以上是常用水草在实际造景中的运用效果，当然，这些搭配并不是绝对的，有时候不同品种的水草也可以打造出同样的效果。所以，在日常生活中要多观察自然景观，把场景中的植物形态跟自己熟悉的水草品种联系起来，这样在水草搭配运用方面才能更得心应手。

第3章
水族造景的技巧

1. 构图

构图是一个艺术造型概念，指把要表现的主题、思想通过组合方式构成一个协调、完整的画面。如果把水族箱的正面观赏面看作一张白纸，造景就好比是在白纸上作画。在下笔之前，需要先确定好画面如何分割，哪一部分设置主体，哪一部分作为过渡，哪一部分留白等，这个过程就是构图。造景中常用到的基础构图方式有三种，分别是三角形构图、凸型构图和凹型构图。熟练掌握这三种构图后，就能够彼此搭配，营造出更为复杂的综合型构图，使景观作品更有层次感、更具视觉冲击力。

（1）三角形构图

三角形构图就是让画面中的主体形成三角形的形状。那为什么是三角形而不是其他形状呢？这是由于三角形的特性所决定的。大至金字塔、巴黎铁塔等许多世界著名的建筑物，小至日常生活中常用的受力支架等，它们的形状都是三角形。三角形的构成简洁，只需要三条线段首尾相接，并且具有稳固、坚定的特点。如果造景采用三角形构图，看起来就会有一种简洁、安稳的效果，而不是摇摇欲坠、失去平衡的不安感。因为三角形构图给人稳定感，同时易操作，很适合初学者学习，也比较容易做出效果。

（2）凸型构图

　　凸型构图是一种中间高，两边低的构图形式。这种构图形式选择把景观表现的重点设置在空间中的中高部位，这样就很容易突显重点。高的地方和低的地方存在明显的高度差，因此更有层次感。这种构图比较合适尺寸比较高或整体画面比例偏向于正方形的水族箱，特别是旧式龙鱼缸改造的水草缸。

（3）凹型构图

　　凹型构图是一种两边高，靠近中间处低的构图形式。为什么说靠近中间处而不是中间呢？因为如果选择正中位置作为低点，就会显得非常对称，容易产生呆板的感觉。凹型构图很符合现代人的审美习惯，是造景比赛中使用频率最高的一种构图方式。在进行凹型构图的画面分割时，通常会把主景放置在画面左边或者右边凸起来的位置，副景放置在另一侧，中部凹下去的地方会设置一些视觉引导线，比如小路、溪流、有指向性的素材等。这样的安排更容易让观赏者身临其境，产生人在画中游览的感觉。为什么说这种构图更符合现代人的审美习惯呢？20世纪90年代之前的电视机、电脑显示屏等以正方形为主，如今已被宽屏和超宽屏取代，也就是说，物体外观的长宽比从原来的1∶1、4∶3演变成现在流行的16∶9、2∶1，甚至是3∶1。这就是审美观的改变。凹型构图的分割方式更适合用在长条形的水族箱，使整个景观比例更趋向于现代流行的16∶9、3∶1等。

2. 构建骨架

考虑好景观构图形式后，就可以着手构建骨架部分。水草造景从诞生发展至今，已经慢慢从单纯水草种植为主变成了骨架和水草并重共同构建整体场景，凸显基础骨架的构建对于整个景观的重要性。所谓骨架，是指支撑某物的结构、基础或轮廓。在水族造景领域，指的就是用木头、石头等素材按照一定的造景技巧搭建出主题所需要的基础轮廓，比如山体、河川、森林、洞穴等。骨架决定了作品想要表达的主题，由此可见骨架的重要性。正所谓万丈高楼平地起，我们看到的造景比赛里天马行空、复杂程度很高的骨架，其实都是由基础的骨架组合搭配而成。接下来就来学习一下构建骨架的基础技巧。

（1）素材的选择

构建骨架要从选择素材开始，主要从三方面来考虑：大小、外形、纹理。

大小指要根据缸体的大小确定素材的大小。

外形指的是素材的外观形状，比如做山峰需要找修长秀气的石头，做近景树林需要找外形粗壮笔直的沉木等。

　　纹理指石头或者木头表面的纹路形状，选择的时候要考虑整体纹理的协调性。摆放位置相近的素材尽量选择纹理相似的，这样会增加作品的整体感。

（2）素材的摆放

选择好合适的素材之后，就可以根据构图动手摆放了。这里需要注意整体的协调性和局部的搭配。整体的协调性体现在通过素材摆放的趋势和朝向。在摆放的时候要尽量保持大部分素材的统一朝向，这样会使作品整体显得更协调、更有造型感，而不是方向随意的摆放。就像我们的头发一样，蓬松凌乱的头发会给人一种混乱感，经过一定朝向的梳理后，才能形成特定发型和造型感，素材摆放也是如此。

在保持整体协调的同时，也需要关注局部的搭配，正是多个局部搭配组合在一起，才能构成一个完整的景观。有很多初学者反映摆好的骨架显得很零碎，或者像是一堵石墙，缺乏层次感，这是为什么呢？其实，这些问题都是源于摆放骨架的时候忽略了主次、对比的关系。就比如一部好的电影作品，里面的演员角色会包含主角、配角、群众演员等，这些不同的角色在电影里所占的比重和发挥的作用都会有所不同。假如电影里面出现的人物全部都是主角，或者电影里面只有主角一个人，那么主角就不再是主角，电影也会显得很凌乱、单调。在摆放素材的时候也要遵循主副配理论。这点在石景的搭配上体现得比较明显，因为石头是单独的个体，需要人为主观的量化、分类，然后拼砌组合在一起。而木头素材本身已经包含了自然生长的主干和细枝，已经有一定的层次感和自然感，因此对于制作者的要求没那么高。下图中的木材已经有比较完整的主副配，后期需要添加拼砌的素材就很少。

下面以石头为例对主副配理论进行实操说明。对于平时的造景练习而言，建议使用7块石头，这7块石头要根据体积感分成1块主石、2块副石、4块配石。如果选择的主石看起来体积感是10分，那么副石就是5~8分，配石就是2~4分。体积感不需要拿尺子去量度，而是要靠主观感受，反复练习会让你更好地掌握素材之间的体积对比感。

挑选好7块石头后，下一步就来看看应该如何摆放。最常用的摆放方式是：以主石为中心两侧各摆放一块副石，再以副石为中心两侧再各摆放一块配石。需要注意两点：一是两侧摆放的石头需要前后错开，不宜处在同一水平线上，否则就会变成一堵平面的石墙；二是摆放在两侧的石头要尽量把最长的斜边朝向外侧，形成三角形结构。为什么要这样摆放呢？因为自然界山体的形成过程就是这样的。一块无比巨大的石头，在经过地壳运动和风雨侵蚀之后，一些石块会从顶部或者高处向两侧滑落。滑落的石块有大有小，大的因为重，滑落的地方不会离开主体太远，所以就会形成主体为中心，两侧分布大石块、小石块这样的排列组合。这一过程不断重复，石块不断累积，慢慢就会形成主体顶部尖，底部大中小石块向外延伸排列的三角形结构。因此造景的时候需要遵循这一自然规律摆放素材，这样才会得到一个看起来自然舒服的景观。

单一主副配结构示意图

俯视图，可以直观地看到石头排列前后错开

　　单一主副配结构往往不能满足更为精细的造景需求，因此需要在单一主副配结构的基础上进行深化。将基础的主副配中的副石看作主石，那么配石就变成了副石，我们需要做的就是帮这个"副石"找到对应的配石，这就形成了两层主副配结构。继续延伸下去，就会得到细致度很高的局部景观。一个完整的景观作品往往包含多个这样的多层主副配结构。重复以上操作，多做几个景观局部，配搭在一起就能形成一个完整的景观骨架了。

两层主副配结构示意图

三个单一主副配结构组合示意图

三个两层主副配结构组合示意图

很多难度不是太高的造景骨架都是由不同数量、不同层数的主副配结构组合而来的。主副配结构是造景基础练习的重点，需要多加练习熟练掌握。

3. 造景手法

（1）黄金比例

黄金比例又叫黄金分割，是人类美学史上的一个重要发现。古希腊数学家在进行线段分割时，发现一条美的规律，将一段线段分成长短两段，当小段与大段之比等于大段与全段之比时，比值为1：1.618，这就是黄金比例。黄金比例被欧洲中世纪的建筑师和画家以及古典派雕塑家广泛应用于创作中，被认为是最具美感的分割比例，如今仍然广泛应用在艺术等多重领域。水族造景构图中可以把想要表达的重点、视觉焦点安放在黄金分割点附近，增强作品的表现力。

（2）焦点的定位

在摄影和绘画中，通常会把想表现的主体放在画面中的重要位置，比如黄金分割点附近，然后再对其进行细致的刻画，其余的次要物体或者背景则作弱化或虚化处理，让两者产生鲜明的对比，从而突出主体，突出作品的主题。我们想重点表达的这部分内容就是作品的视觉焦点。在水族造景作品中，视觉焦点又可以分为重点和消失点两部分。

● 重点

指的是整个造景作品中最重要的、最出彩的、最吸引人的部分。比如制作一个群山景观，我们需要选择其中一两座山体作为重点表现的对象。下面介绍三个突出重点的小技巧：特殊性、重复性和颜色对比。

"特殊性"指的是主体部分要跟其他部分在整体协调的前提下，有与众不同的地方。注意，一定要保持整个作品的协调性，不能本末倒置，为了突出一个素材的特殊性，而让它跟整个作品主题格格不入。举个例子，在森林为主题的造景中，单独放一块体量很大的石头作为主体，这样做虽然突出了石头，但是会让作品的主题模糊，不知道想要表达什么。那怎么才能让主体产生不违和的特殊性呢？可以从体积感、纹理，或者人为添加更多的细节刻画等方面着手。以下图为例，不难看出作者是要表达森林中的一棵参天大树，画面黄金分割点附近的这棵大树无疑就是整个作品的视觉焦点，观赏者第一眼就会被它吸引。首先，这棵树明显比其他树都要粗壮，形成了明显的体积感对比。其次，这棵树上的纹理明显比其他树都要清晰、细致，营造出年代感和沧桑感。最后，在这棵树的上半部分作者刻意添加了很多粗细不一的藤蔓作为细节元素，使得整棵树在森林中成为鹤立鸡群的存在。这些小技巧的叠加让观赏者在看到画面的第一眼就能发现主体，并被它深深吸引。

"重复性"指的是使主体中的某些元素不断重复出现在画面中，加强观赏者对作品主题的印象。当然，这不是简单的复制，而是有大小、前后、疏密等变化的重复。下图是一个模仿大自然群山山脉的造景作品。作者按照主副配的规则，把不同大小的石块组合成一个山体，然后再把这组山体改变大小、位置、草的疏密程度等，进行重复搭配，最终形成一幅描绘连绵群山山脉的风景画。

"颜色对比"指的是通过在主体上或者视觉焦点的地方种植不同颜色的水草，通过颜色的对比突出作品的主体。不过这一技巧并非依靠骨架实现，而是通过颜色不同的水草营造出效果。

- **消失点**

　　这个概念对于很多人来说可能有些陌生，可以把它简单理解成作品的结尾处。它可以是远处的一个灌木丛，也可以是一条小路的尽头，还可以是什么都没有的留白。如何把主体顺畅地引向结尾会直接影响作品的完整度。在水族造景中，消失点的表现手法一般有三种：指向性、点光吸引和虚化。

　　"指向性"也可以说是视觉引导，就是在作品中增加引导观赏者视线的造景元素，比如小路、溪流、按照一定朝向摆放的素材等。这些造景元素就像是景区的导游，会引导着观赏者的视线，在观看完作品的主体后，继续深入，直至整个作品的收尾。

　　"点光吸引"是一种通过造景骨架和灯光配合增强作品消失点吸引力的一种手法，其实是一种明暗对比的手法。在搭建骨架的时候，通过遮挡顶部灯光刻意把前景做暗，然后在作品收尾的消失点处设置一个洞穴式的狭窄空间并留白，再通过造景缸背部打灯的手法，让留白处产生强烈的透光。前景的暗与消失点处的亮形成鲜明对比，好像进入了一条昏暗的隧道，看到隧道尽头透进来的强光，观众自然就会产生一种被吸引并且想走过去一探究竟的想法。这就是通过点光吸引让观赏者产生强烈的好奇心，从而增加作品的吸引力。

　　"虚化"是一种让中前景主体清晰，后景模糊的手法。就像拿手机通过人像模式拍照一样，对焦范围内的主体是清晰可见的，对焦范围外的背景则显得模糊难辨，这样就能够很直观地突出主体。我们观察物体的时候都会优先选择清晰的部分，忽略模糊的部分。在造景中如何营造清晰和模糊的对比呢？答案就是通过物体细节的对比。近处的物体自然细节丰富，清晰可见，而远处模糊虚化的物体就只能看到大致的轮廓和颜色。因此，可以在消失点附近种植一些叶片小巧，看不清细节的水草，比如牛毛草、大莎草、绿藻球、火焰莫丝等，尽量不要制作带有细节的硬骨架组合，或者摆放纹理清晰的素材。这样就能让观赏者的眼睛产生距离上的错觉，更加突显主体。

（3）景深应用

　　景深原本是摄影术语，这里所提及的景深有另外的含义。无论造景空间有多大，小至几十厘米的缸体，大至几米的池子，都是固定的距离。在这个固定的距离内，我们需要运用一些造景手法"欺骗"观赏者的眼睛，使景观看起来的空间远远大于实际的距离，这就是水族造景里所指的景深。可以通过透视规律和层的跳跃营造出色的景深效果。

● 透视规律

　　透视学起源于14世纪文艺复兴，是科学再现物体的实际空间位置的方法。最初研究透视是采取通过一块透明的平面去看景物，将所见之景物准确描画在这块平面上，即成该景物的透视图。也就是说，透视图是按照人类的视觉成像规律把所看到的景物在平面上绘制出来的。看到这里也许会有读者有疑问，我们又不是学习绘画，为什么要懂透视法呢？其实不然，回忆一下，平时我们开车或者坐车在马路中间行驶的时候，是否留意过马路两旁的路灯呈现的状态？同一段路上的路灯基本上都是同一款式，高矮、粗细都是一样的，但呈现在我们眼里是从近到远不断缩小的，假如路一直笔直向前，没有拐弯和障碍物，那么这些路灯将在远处消失为一个点。其实不只是路灯，路两旁所有景物都是这样，行道树、建筑物、电线杆等，无一例外。这就是我们看东西的方式，我们需要了解透视规律，并将其应用到造景里面，做出来的景观才会符合人眼看东西的习惯，才会自然。

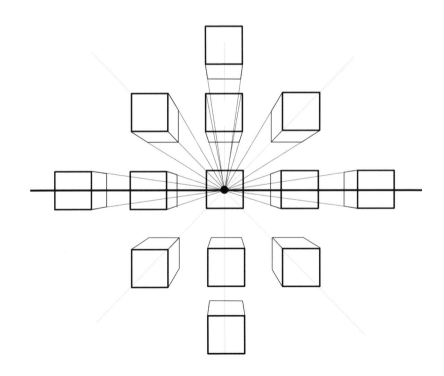

在绘画技法中，透视可分为三种：一点透视（平行透视）、两点透视（成角透视）、三点透视（包含仰视、俯视），这里不展开讲解。我们只讨论基础造景需要用到的透视知识，可以归纳为三点：近低远高，近大远小，近疏远密。

"近低远高"应用于造景开始之前对于底床的处理，要把底床布置成前面（离观赏者近处）低，厚3~5cm；后面（离观赏者远处）高，根据景观视角的不同厚10~20cm不等。这样做既符合我们人眼看东西的透视规律，也能间接起到增大底床面积的作用，可以摆放更多素材营造景深效果。

底床布置近低远高

"近大远小"应用于摆放素材的时候，离观赏者近的地方用的素材要大，纹理要丰富，细节要清晰；相反离观者远的地方，摆放的素材随着距离慢慢变小，纹路从清晰变模糊，甚至是没有纹路，细节也可以慢慢弱化。这也符合我们平时看东西的实际情况，离我们近的东西体积感比较大，看得很清楚，越远的东西就变得越小、越模糊。

骨架搭建近大远小

"近疏远密"多应用于水草种植。平时我们登山的时候，能清晰地看到近处树木的树干、枝条，甚至树叶的形状；但往远处山顶望去，就只能看到密密麻麻的树冠连在一起形成的一片绿色。种植水草的时候，也需要遵循这样的规则。近处需要表达清晰的细节，因此水草的种植要疏松一些，突显细节；而远处的细节几乎可以忽略，种植水草的时候可以密植在一起，形成一个模糊的色块。

植物种植近疏远密

　　运用好这三点透视规律景观看起来就会自然、真实，有景深效果。那么，能不能在这个基础上再进一步增加景深的效果呢？答案是肯定的，接下来就进一步介绍关于景深效果的营造技巧：层的跳跃。

● **层的跳跃**

　　顾名思义，就是从一个景深层次跳跃到另一个景深层次，其原理来自摄影技法里面的框架式构图。再次以马路两旁的路灯排列为例子，前文所述路灯在我们眼里是依次从近到远慢慢缩小的，我们可以将其分成前中后三个部分。如果把中间部分抽走，只留下前面和后面，那么画面就会从最大的部分一下子跳跃到最小的部分，过渡就会非常不自然，失去平衡，这显然不是我们想看到的结果。尝试用双手把中间部分的路灯遮挡住，此时呈现在我们眼前的依次是前面部分、手指遮挡部分、后面部分，这样景深过渡就会比较自然了。这就是"层的跳跃"技巧的关键点——遮挡。造景的时候按照透视原理，从前景最大的主体素材一直做渐变过渡，直到后景消失点附近的素材，但有时候会遇到前景和后景素材体积相差太大，而造景缸的空间不足以进行自然过渡的情况。这

时候就可以考虑运用层的跳跃技巧，把中间一些不重要的过渡素材通过遮挡而省略，这样就能腾出空间做后景部分，并且不会显得突兀。下面介绍实现层的跳跃的三种常用手法：相同素材不同纹理朝向对比、不同素材之间的对比、相框构图。

"相同素材不同纹理朝向对比"，素材表面会有独特的纹理，这些纹理也会随着素材摆放方式的不同呈现不同的朝向。以自然界的石山为例，站在山脚下看远处山顶的风景时，会发现脚下的石块是横向躺着的，其纹理以横向为主；远处的山峰是纵向耸立的，其纹理以纵向为主。因此在制作山景的时候，可以参照这种自然规律，前景的石头横向摆放，并遮挡远方山峰的山脚部分，远方的山峰采用纵向摆放的方式。通过遮挡省略了从山脚到远方山峰中间的大部分距离，并且通过纹路朝向不同的对比，进一步增强这种跳跃关系，从而在有限空间内实现比较大的景深效果。

　　"不同素材之间的对比"，通常指木头和石头之间的搭配，通过两者的搭配，营造出从树林中眺望远处山峰的景观，或者从峡谷中眺望远方森林的景观，具体可以参考左图。

　　"相框构图"是摄影中常用的一种构图技巧，比如透过窗户或者门眺望窗外或者门外的景色，限定了观赏者的视线，把一些不需要的景物通过窗户和门的不透光部分遮挡住，使得主体景观更为突出。造景的时候也可以利用这一手法，在近景处通过石头或者木头构建一个半包围或者全包围的"相框"结构，然后在留空的地方营造景观的主体部分。通过遮挡关系使得主景部分更容易吸引观赏者的视线，从而突出主景。

（4）视角

　　视角指的是我们观察物体的角度，一般可以分为平视、仰视、俯视。用不同视角观察同一物体能给观赏者带来不同的视觉体验。

　　平视是最常见的一种观察角度，平视视角会给人一种平和、安定的感觉，显得比较客观、理性。

仰视视角往往会给人一种压迫感，因为观赏者几乎处于视角的最低点往上看，周围的事物都是高于视点。这种视角适合体现事物主体的气势，比如高耸的山崖、参天的巨木等。

俯视跟仰视相反，适合用于表达一览众山小的感觉，因为观赏者视点几乎处于整个画面的最高点，像航拍的感觉。

至于选择什么视角，则要根据景观表达的需要。平视几乎能表现绝大部分的景观效果，仰视和俯视则是做一些特殊场景，营造更强的画面视觉冲击力。

第4章
水族造景的开缸实例

1. 构思和选材

　　造景开始前，首先需要确定景观的主题，比如山景、树林、河床、驳岸等，这样就明确了构思的方向。然后围绕这个地貌或场景的表现特点进行研究和归类，并加入自己的想法，通过造景技巧和植物搭配技巧将这个主题景观表现出来。另外会绘画的读者也可以通过草图具象地描绘心中构思，帮助布建景观。

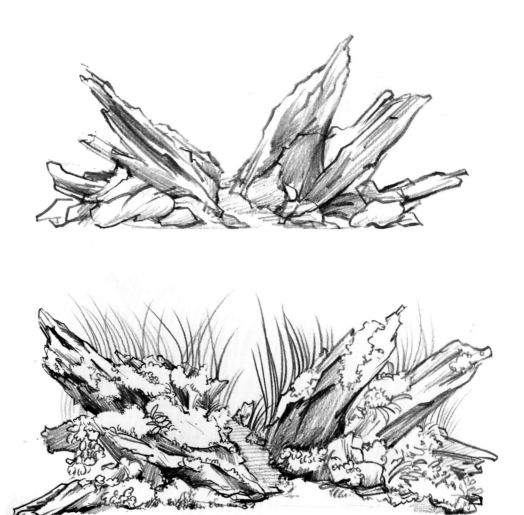

　　选材对于大部分人来说是造景的一大难题，总想找到一个外形很奇特或很漂亮的石头或木头来造景，其实这是一个误区。如下图左边的木头形似龙头，使得作品主题非常鲜明，但这样的素材是可遇不可求的，大多数作品都是靠两三块或者更多块的素材搭配组合而成。

　　要结合构思的景观选择不同形状、大小、颜色等的素材和植物重新组合。下图使用了松皮石和小松根（学名为岗松）两种素材。松皮石多用于山体景观，此处用条形的松皮石表现垂直的柱桩。用小松根的根部模仿树干，用小松根的枝干模仿垂下来的藤蔓。

2. 水草缸开缸步骤

（1）案例一：万重山（80cm×30cm×35cm）

    下面展示一个80cm长水草缸山景的搭建过程。作品灵感来源于泰山，表现泰山的地势高低起伏，山峰之间的山谷里洋溢着自然的生气。

缸体参数 ▌

- ⊙ **缸体尺寸：** 80cm×30cm×35cm
- ⍾ **灯光：** 维尔康M60，每天6小时
- ⬡ **CO₂：** 1泡/秒，24小时
- ◉ **过滤：** 日生P-700
- ⌣ **底床：** 水葆泥
- ⬡ **素材：** 松皮石
- ⬡ **植物：** 三角莫丝、绿藻球、迷你水榕、泰国小青椒、细叶铁皇冠、红宫廷、绿宫廷

开缸步骤

造景开始之前，先把部分设备安装好。安装灯光，方便造景的时候更好地区分亮部和暗部。安装过滤系统缸内部分管件，这一步尤为重要。如果不先完成这一步，很多时候会发现造景骨架做好了，但是没空间放置管件和除油膜器了。本案例中使用的是水莼过滤系统，因此需要先布置好底滤板和潜水泵，边缘上的发泡胶是为了避免做骨架的时候底滤板移位。如果使用的是传统外置过滤桶过滤，需要布置好进出水管。

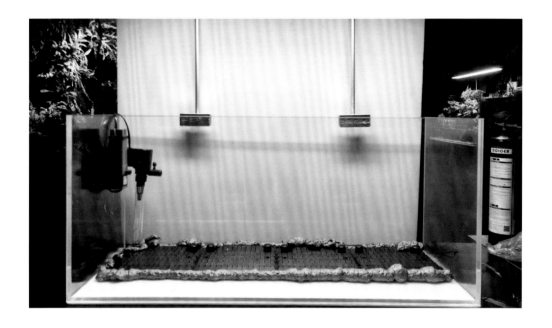

挑选素材。把造景所需要的素材按大小排列摆放好，方便快速找到需要的素材。制作山景一般只需要石头就够了。本案例选用的是松皮石，在挑选素材的时候，尽量挑选细长形的石头，以便更好地表现中远山的山峰效果。在数量方面尽可能多准备一些，一般准备需要量的1.3～1.5倍，比如需要石头大概100斤，最好能准备130～150斤。这是因为造景选用的都是天然素材，天然素材的形状、大小不一定符合我们的要求，因此多准备一些，造景的时候就会多一些选择。当然，备用量也跟个人的造景水平有关系，熟练之后，物尽其用的水平也会随之提高，备用素材量也可以减少。此外，建议不要太追求某些特殊形状或者特殊纹路的素材，比如一木成景、一石成景。造景是一堆素材的集合体，如果太执着于其中一两块特殊的素材，就容易失去对整体效果的把控，得不偿失。

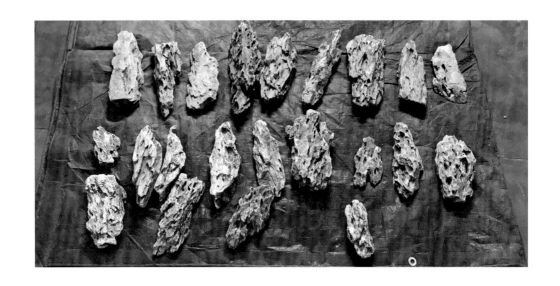

　　开始摆放素材。本案例要制作一个中远距离的群山景。缸体的尺寸是80cm长、30cm宽、35cm高，属于长方形窄缸。因此选择凹型构图，这样即使在长方形窄缸中，也能体现一定的景深感。确定构图后，运用基础的主副配理论摆放素材。首先确定画面左侧的山体为主景，因为主景用到的石头比较大，可以有效遮挡后面的过滤设备。挑选左侧主景的主石和右侧次景的主石，并确定好位置，主景的主石稍微靠前点，次景的主石则稍微靠后点，增加景观的层次感。主石确定好后，按照副石、配石的大小要求和摆放位置完成两个主副配结构。

完成左右两侧主次山体的雏形后，发现中间部分的空间较大，因此增加两组主副配结构。增加的两组主副配处于远景的位置，按照透视原理，不需要太清晰的纹路，结构方面也不需要那么严谨，主要作用是填充后景部分的空间，让主体景观延续到后景。即使没有纹路的石头，只要放在合适的位置，也能起到很好的衬托作用。因此在选材的时候，不要太过于执着"好"素材。

铺设底床。加入底床水榑泥，让底部的颜色统一。根据现有的空间情况，再增加一层主副配，也就是在原有的主副配基础上进行细化，增加一层配石。在这个过程中还需要根据实际空间的情况，利用小配石制作出引导视线的道路或者河流。至此，一个简单的山景景观骨架就做好了。到这里可能有读者会疑惑，缸里面还有空间为什么不继续细化？因为我们制作的是水草缸，而不是单纯地用素材摆骨架，所以需要剩一些空间来安置水草。

步骤6

种植水草。选择水草的基本原则是根据实际景观来确定水草的形态及品种。本案例要塑造一个中远距离的群山景观，这就决定了不能选用叶片太大的水草。试想一下，一片叶子和一块石头一样大，比例会很不协调。然后根据透视原理中的近大远小、近疏远密进一步确定水草的品种。本案例选择泰国小青椒、迷你水榕、细叶铁皇冠作为近景水草，它们的叶片都比较细小，即使放在前景也不用担心比例失衡。中后景部分选用泰国小青椒进行过渡，引向叶片更细小的三角莫丝和几乎没有叶片的绿藻球。通过不同形状、大小叶片的水草搭配，模拟出大自然中的群山景观，离视线近的树木能看清楚枝条和叶片；当距离慢慢变大，只能看到不同形状的绿色树冠；再远处，只能看到一片绿色，分不清是树木还是灌木丛。

下图是造景缸左后角的俯视图。被主景和次景主石遮挡的后面存在一定空间，如果要进一步细化，可以做一些更远处的延绵的山脉，也可以通过密植一些有茎类的后景草增加景观的丰富性和层次感。这里选择了红宫廷和绿宫廷的混种。后期这些水草长高之后，就能从正面看到它们的存在，形成更丰富的颜色变化和层次感。

步骤7

　　注水。当水草种植完毕后，就可以小心地往缸体里注水。注意，这是最后一步，也是尤为重要的一步。注水的时候一定要遵循先慢后快的原则，如果一开始就满开水龙头，会把辛苦完成的景观全部冲散。可以在水管出水口外接花洒或者缓冲水流的装置，然后慢慢拧开水龙头，让水流温和地注入。直到水线上升到缸的三分之一，整个出水口装置已经浸没在水下，就可以把水龙头调大。等水放满之后，先不要急着打开过滤，因为这个时候水面会漂浮很多脏东西，比如泥土粉末、烂掉的水草叶子等。将这些脏东西清洁干净后才可以打开过滤，让过滤运行，建立硝化系统。至此，80cm长、30cm宽的窄缸山景造景完成。

开缸要点

①对于新手来说，尽量多准备一些素材，让自己有选择的空间。

②注意素材之间的主次搭配，不要执着于一木成景、一石成景的"好"素材。

③注水的时候注意缓冲，不要冲散破坏景观。

（2）案例二：自然回响（120cm×50cm×50cm）

这是为数不多采用三角形构图来营造树洞森林景观的作品，既有写意的雅致，又有写实的景深表达。作品使用平视方式，采用木石结合，通过树洞以及后景草来达到景深效果，通过水草的颜色渐变以及不同高度的修剪来营造景深效果。

缸体参数 ▍

- ⬚ **缸体尺寸：** 120cm×50cm×50cm
- 💡 **灯光：** 尼奥双灯，每天7.5小时
- ☁ **CO₂：** 1泡/秒，24小时
- ▤ **过滤：** 创星CF-1200
- ⬡ **底床：** 粗砂粒、水草泥、化妆沙
- ⬡ **素材：** 青龙石、杜鹃根
- ⬡ **植物：** 垂泪莫丝、羽裂水蓑衣、紫红丁香、红宫廷、绿宫廷、泰国小青椒、趴地矮珍珠

开缸步骤

步骤1

先把造景必要的设备安装好。本案例使用的是传统外置过滤桶，所以不需要铺设底板。铺设粗砂粒作为底床基质，粗砂粒不容易粉化，而且内在空隙也比较大，可以延缓水草泥底床的板结现象。也可以选择直径1cm以内的火山石碎石作为底床基质。本案例景观构图是三角形构图，留白空间比较多，因此没有先安装进出水管，只是大概预留了安放的位置。

步骤2

在粗砂粒底床基质上覆盖水草泥，种植阳性草的位置预留在后面，因此水草泥也集中覆盖在后面。然后在水草泥上铺设化妆沙，使底床整洁统一。布置好底床之后，就可以在上面搭建造景骨架了。本案例准备制作一个类似桂林象鼻山的景观，选择三角形构图，以杜鹃根细枝和青龙石组合搭建。在这个景观中石头并不是主角，因此不需要做太严谨的主副配结构，在保证石头起到支撑作用的前提下，通过简单的主副配组合把石组做出来即可。接着放置骨架的主角——杜鹃根。树枝一般都不是单根存在，会自然地分成主枝、分枝、细枝，自带主副配结构。进行木材组合的时候，尽量把不同朝向的分枝、细枝去掉，保持统一的走势。

基础骨架搭建好之后，进行下一步的整合和细化。利用发泡胶把主体部分的杜鹃根粘在一起，形成一个整体。利用碎石通过主副配原理铺设出小路。小路能起到引导视线的作用，引导观赏者的视线走向制作者预设好的地方。

　　种植水草。在水草搭配上除了绿色系水草外，还选择了不同品种的红色系水草，如红宫廷、紫红丁香、羽裂水蓑衣等，以达到比较丰富的视觉效果。最后缓慢地注满水。

开缸要点

①做厚底床景观的时候，可在底层铺设粗砂粒，避免水草泥过厚造成底床坏死。

②通过人为对凌乱的树枝进行修剪，尽量使整体景观保持统一的走势。

③可以适当增加一些好养护的红色水草，增加作品的色彩丰富度。

（3）案例三：彼岸（90cm×45cm×45cm）

　　本案例灵感来源于动漫里的峡谷场景，倾斜的岩石下方有一条蜿蜒的小路通向远方。斜向结构的石组具有向下的压迫感，但整体处于稳定的结构。后景使用红色系水草增加色彩上的丰富度，使人有沿着小路向远方探索的欲望。

缸体参数▍

- 缸体尺寸：90cm×45cm×45cm
- 灯光：尼奥双灯，每天7小时
- CO_2：1泡/秒，24小时
- 过滤：创星CF-1200
- 底床：粗砂粒、水草泥、化妆沙
- 素材：松皮石
- 植物：水晶莫丝、绿宫廷、迷你水榕、泰国小青椒、红宫廷、趴地矮珍珠、迷你椒草、柳叶铁皇冠

开缸步骤

步骤1

先把水草缸造景必要的设备安装好。本案例使用传统外置过滤桶，所以预留了安放进出水管的位置。在缸的后半部分放置粗砂粒作为底床基质（如下图所示），然后放入水草泥，把粗砂砾完全覆盖住。前半部分倒入化妆沙作为装饰，底床铺设完毕。

步骤2

制作前景骨架。将骨架的主体放在左边的黄金分割线上，虽然这次的石景是斜向结构，但主副配结构是通用的。在制作骨架时，还需要注意用发泡胶固定石头，避免倒塌。左边的石组固定好后，在右边靠后的位置，再做一组稍小一点的倾斜石组，相互呼应之外，也利用近大远小营造出整个画面的景深。

前景骨架完成后，打上发泡胶固定，接着制作后景部分的骨架。将斜向结构贯彻到底，在后景部分再做两组和前景相反方向的斜向结构，使得前后层次更加分明和立体。

大体骨架完成后，需要确定消失点作为作品的结尾。一般消失点会设置在和主体相对一侧的黄金分割线上。本案例运用了路的指向性表现手法来引出消失点。利用主副配结构配置碎石，布置一条蜿蜒的小路，小路的末端就是消失点。继续进行深入细化，提高骨架的完整度。

种植水草。根据透视原理的近大远小、近疏远密进一步确定水草的品种。前景选用迷你椒草、泰国小青椒和柳叶铁皇冠，中景从迷你水榕和趴地矮珍珠过渡到水晶莫丝，后景在缸的两个角落选用了红宫廷和绿宫廷增加色彩。

这是缸体后面一个角落的俯视图，正视图中会被主景和副景的主石遮挡。这个空间通过密植红宫廷和绿宫廷来增加景观颜色的丰富性和层次感。这些水草长高之后，就能从正面看到它们的存在，形成更丰富的颜色变化和层次感。

经过两个月的生长，水草基本长满，这时就可以看到整体的层次和色彩的对比。

开缸要点

①用水草泥搭配化妆沙作为底床的时候要注意做好两者区域的分割，要用素材把水草泥围起来，否则容易造成水草泥散落到化妆沙上面的不美观画面。

②摆放素材的时候先不用特别在意细节，先把主体石头的位置确定好，等大体骨架确定好之后再细化。

③制作这类岩组景观要注意整体视觉的平衡。

（4）案例四：自然（50cm×38cm×38cm）

　　本案例是一个结构稍微复杂的小型造景缸作品，营造具有神秘感的森林，真实与梦幻感兼具，具有较强的视觉冲击力。部分地方采取压暗处理营造梦幻感，下垂的枝条增加自然感，通过不同品种的水草增加空间的景深感。

缸体参数

◉ **缸体尺寸**：50cm×38cm×38cm

💡 **灯光**：宜道，每天6小时

🌀 **CO₂**：2泡/秒，24小时

🔷 **过滤**：伊罕250

🔲 **底床**：粗砂粒、水草泥、化妆沙

🖌 **素材**：沉木、杜鹃根

🌿 **植物**：垂泪莫丝、爪哇莫丝、趴地矮珍珠、大莎草、迷你水榕、红宫廷

开缸步骤

步骤1

　　将造景必要的设备安装好。因为缸体比较小，所以一两块木头就能填满整个缸体空间。小型缸造景主体骨架的材料选择，对于整个作品的好坏起着关键作用。本案例用两块主木做了一个凹型结构，而且顺着木头的枝干，运用指向性的手法制造消失点。

步骤2

　　在缸的后半部分倒入粗砂粒，再放入水草泥将粗砂粒完全覆盖住。然后继续完善骨架，为主体骨架添加沉木，使得斜向的指向性更加明显。在细节上运用杜鹃根细枝作垂直方向的点缀，形成交错。（下页上图）

步骤3

　　在缸的前半部分倒入化妆沙作为装饰，然后开始种植水草。因为缸的体积小，所以采用小叶型的水草如莫丝、迷你水榕、大莎草等。最后慢慢注满水。（下页下图）

　　水草经过两个月的生长变得很茂盛，有可能把大部分骨架覆盖，这时需要对其进行修剪，让骨架恰当地露出来。如果缸里种植了红色系水草，可以增施铁肥，能使水草更艳丽，为画面提亮色彩。

开缸要点

①制作线条感比较强烈的景观要严格遵守透视规律，这样才能形成强烈的视觉冲击力。

②水草尽量选用小叶型品种，不要破坏原来骨架的线条感。

（5）案例五：雪出花凝满（90cm×50cm×45cm）

这是一个偏中式造景风格的景观，既好看又方便打理。采用经典的三角形构图，石头是比较重的材质，细长的小枝条则有一种被风吹动的飘逸感，两者形成轻重对比，增强视觉上的动感。

缸体参数

- 缸体尺寸：90cm×50cm×45cm
- 灯光：杰宠，每天8小时
- CO_2：2泡/秒，24小时
- 过滤：伊罕250（2个）
- 底床：水草泥、化妆沙
- 素材：松皮石、泰国枝
- 植物：趴地矮珍珠、日本珍珠草、天胡荽、辣椒榕、红宫廷、趴趴熊、云端宫廷、黑木蕨、百叶草、迷你水榕

开缸步骤

步骤1

先把造景必要的设备安装好。因为本案例石头比较多，所以在底部放置格子板，能有效避免石头刮花缸底。先放置主石，主石一般放在黄金分割线附近，可以更好地突出主题。确定好主石之后，开始细化周边的副石。

步骤2

添加副石的时候，需要注意石头的纹路、方向，以及大小的搭配。按照三角形构图摆放石头。

添加细枝条，枝条的摆放要注意方向的一致性。

添加水草泥和化妆沙，种植水草，注意水草不宜种得太满，这样有利于植物的生长，而且更加紧贴石材。

步骤5

　　水草经过两个月的生长变得很茂盛，有可能把大部分骨架覆盖住了，这时有必要对水草进行修剪，让骨架适度露出来。

开缸要点

①三角形构图要注意适当留白，不能做得太满，修剪水草时也需要注意留白。

②水草尽量选用小叶型的品种，大叶水草容易破坏骨架的线条感。

3. 水陆缸开缸步骤

（1）案例一：山涧（50cm×35cm×35cm）

　　虽然水陆缸的造景风格比较单一，但是需要的动手能力要比水草造景更高一些。本案例表现的是山涧的场景，在群山环绕的山涧中流水潺潺，让人不禁想停下脚步欣赏一番。

缸体参数▍

⊡ **缸体尺寸：** 50cm×35cm×35cm

⚲ **灯光：** 尼奥XP45，每天9小时

◉ **过滤：** 创星AT-102

⊡ **底床：** 陶粒、水苔、赤玉土、化妆沙

⊛ **素材：** 青龙石

⊛ **植物：** 福禄桐、菖蒲、狼尾蕨、小叶赤楠、网纹草、短绒藓

准备工作

　　一般选择斜口缸作为水陆造景的缸体，既可以增加景观与人的互动性，也可以让缸体里的植物更加通风透气，不至于湿度太大发霉。下图是水陆缸的背面图，缸壁上有一个圆洞，缸里面是黑色亚克力做的泵仓。在水陆缸刚推出市场的时候是没有泵仓的。那时候用于过滤的过滤泵是用海绵包裹后埋在缸底的。这样会有一个问题：如果过滤泵出现故障不能正常工作，就需要把一部分景观破坏掉，才能将过滤泵挖出来进行检查和替换。后来经过对缸体的不断改良，就出现了带有泵仓的设计。

开缸步骤

步骤1

　　先把必要的设备，如灯光、过滤泵、底隔板安装好。灯光前期用来为造景照明，后期为植物生长提供所需要的光照。过滤泵可以实现水体循环和过滤，制造流水的效果。水陆缸的造景过程与水草缸最大的不同是，水陆缸不能先铺设底床再创作骨架，而是要直接在缸底上摆放石头。因此，在水陆缸里，底隔板并不是像在水草缸里那样作为过滤系统的一部分而存在，而是用来隔开石头和缸底玻璃，一方面可以防止石头划伤玻璃缸，另一方面也可以把石头的重量平均分配给缸体，避免某些位置石头太重将缸压碎。同时，为了防止垫板移位，还需要利用发泡胶将其固定在缸底。至于垫板摆放的位置不需要太纠结，大概放在缸体前半部分或者石头摆放的地方即可。也不需要担心垫板露出，因为最后会通过化妆沙将其遮盖起来。

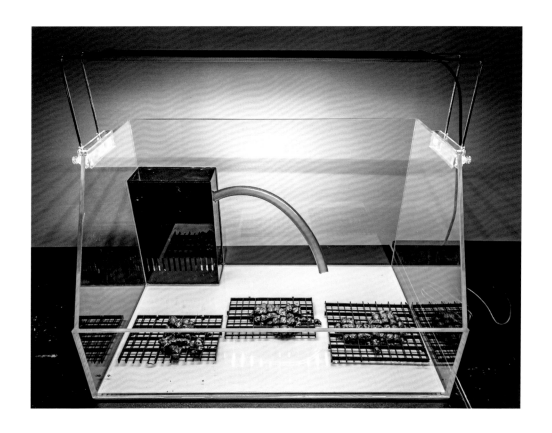

　　用石头砌一堵"挡土墙"，把后面种植区的陶粒和泥土都挡起来，不让它们滑入前面的水体区。这个过程需要一定的技巧，这一步所需要的时间占了整个水陆缸制作的三分之一以上。这堵墙不是随意砌的，在满足挡土功能的基础上，也要注意造景的美观度。选取石头的时候，石头的高度要高于前面水体区的水面，这样才能把陶粒和泥土遮挡住。石头的组合上要运用前面提到的主副配结构和透视原理，虽然没有水草缸那么严格，但是也要注意石头体积的大中小搭配纹路的前大后小，不然就会显得呆板，失去景深效果。摆放石头的时候注意不是呈一条直线，需要有错落感，这样才会有层次。此外，石头的底部不是切平的，大部分时候放不稳，可以将小石块垫在大石头下面让大石头保持平稳，然后用发泡胶固定。发泡胶不是立刻就能硬化，根据当时的天气和湿度需要20～30分钟才能完全硬化受力，因此不能一次摆放多块石头，只能摆放几块固定几块，再往下进行。不然稍有不慎，就会像多米诺骨牌一样整片倒下，把缸体砸坏。记住，欲速则不达。在打发泡胶固定的时候，除了固定石头底部之外，石头和石头之间的缝隙也要堵起来，避免泥土从缝隙中跑出来。下图中的石墙还没有最后完成，中间位置留了一个缺口，作为预留的下水口位置，是整个石墙的最低点。

　　找一块合适的石头把这个缺口堵上，石墙制作完成。这个位置就是后面制作水流效果的下水口。流水会经过瀑布、小溪流，然后流到前面的水体区。

从俯视图中可以看到，石墙把缸体分成了两部分，前面的水体区和后面的种植区。石头和石头之间前后错落，并不是呆板的一条直线。

步骤3

在后面的种植区铺设第一层材料——陶粒。陶粒主要有两个作用。一是作为种植区的垫高材料，避免种植土浸泡在水中。虽然砌起的石墙将种植区和水体区分开，但并不能完全阻断水流。水会通过小缝隙从水体区流入种植区，使种植区底部盛满水。为了防止种植土长期泡在水里变成淤泥，需要用陶粒起到垫高的作用，形成疏水层。陶粒的直径选取3~8mm的，太小的陶粒使用久了容易造成水路堵塞。也可以使用轻石，但是轻石使用久了容易粉化造成水路堵塞。二是作为过滤材料，净化水体。陶粒表面有很多小孔，可以成为硝化细菌培育的场所。水流经过陶粒，经由泵仓的潜水泵抽到上面的流水区，能形成一次水循环。但是陶粒的过滤效果有限，因此水陆缸不适合在有限的水体里饲养太多的生物，否则会超出过滤系统的荷载。

从侧面可以看到陶粒铺设的高度，基本上与水体区水面的高度持平。因此，在开始制作骨架的时候就要考虑水体大概的水位线高度。

在陶粒上面铺设第二层材料——水苔，作用主要有以下两点。一是吸水，把陶粒疏水层的积水吸到上面的种植土，为植物提供水分。如果陶粒铺设高度过低，会导致水苔以及上面的种植土都泡在水里粉化烂掉，进而沉积到下面陶粒的缝隙中堵塞水路，导致后面泵仓的进水大幅度减少，过滤泵不能正常工作，甚至烧毁。如果陶粒铺设高度过高，会导致水苔接触不到水面，不能起到很好的吸水作用。这就是为什么陶粒铺设高度要跟水位线持平的原因，既保证水苔能接触到水体，又不会因为泡水过多而烂掉。二是隔离，把种植土和下面的陶粒隔开，这样就不用担心种植土掉到陶粒的缝隙中堵塞水路。因此，铺设水苔的时候要均匀平铺，所有角落都要铺好，厚度2~3cm。铺设水苔之前，要先把水苔浸湿，既方便均匀铺设，也节省了水苔在缸里第一次吸水的时间，让植物的根系能更快地吸收到水分。

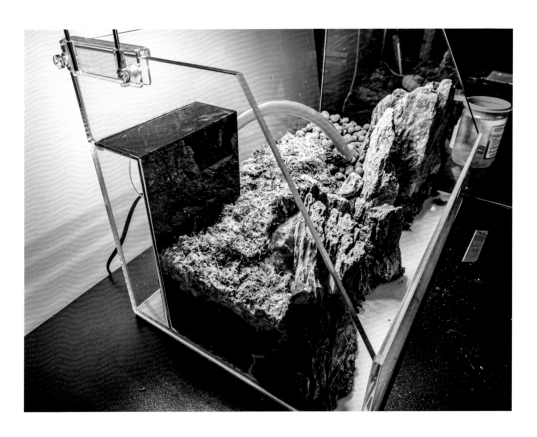

在水苔上面铺设第三种材料——种植土，一般选择三本线赤玉土。赤玉土由火山灰堆积而成，是运用最广泛的一种土壤介质，为暗红色圆状颗粒，其形状有利于蓄水和排水。一般与其他物质混合的百分比是30%~35%。三本线表示赤玉土的硬度，一般选用硬度较高的三本线赤玉土，可以减缓土壤的粉化。使用赤玉土的主要原因是其透气性好和不容易粉化，既可以让植物健康生长，也可以延长水陆缸的寿命。

　　在一些小型水陆缸体中，由于泵仓的高度较高，缸体较窄，无法通过填土把整个泵仓很好地包裹住，这样就会形成断层，导致泵仓上面的植物不能吸收足够的水分。可以通过在泵仓周围铺一些湿水苔，利用水苔的吸水能力给泵仓上面的植物提供水分。这是一个很有用的技巧，对于缸体水分不足的区域，都可以通过底层埋水苔来增加湿度。

步骤6

　　制作河道。为了增加景观的趣味性，一般会把过滤泵出水口部分做成河道或者瀑布的形式。先用大石头大概围出河道的位置，然后打发泡胶。发泡胶一方面是为了固定石头，另一方面是为了防止河道水流下渗。发泡胶具有一定的防水能力，因此大部分水流会沿着发泡胶做出来的河道流动，然后进入水体区，这样就制作出了水流效果。打发泡胶的时候尽量一次打好，形成一个整体，不要留有缝隙，不然水会从缝隙流走，河道上就看不出出水流效果。发泡胶会随着干燥而膨胀起来，在发泡胶还没完全硬化的时候去塑形，通过手的按压，把河道的大体形状修整出来。

用小石头按照主副配结构进一步细化河道。中国传统的审美观对于园路、河道的设计比较忌讳一直到底，这样会让观赏者一眼看穿，缺乏神秘感。因此，在细化河道的时候，尽量做成迂回形，比如S形或Z形。这个技巧在制作水草景观的道路时同样适用。布置好河道之后，把水管的多余部分裁剪掉，并安装L形的弯头（弯头一般是过滤泵赠送的配件）改变出水口水流的方向。然后通过组合的石块将出水口隐藏起来，不让观赏者从正面和侧面看到出水口。

河道布置完之后，先放水测试一下水流效果。注意下水口的高度和水体区水面的高度不要相差太大，高落差虽然会有比较好看的叠水效果，但也会产生溅水的问题，水花长期溅到前挡玻璃上会形成水垢痕迹。特别是小尺寸的水陆缸，更需要注意这个问题。

步骤8

种植区景观完善和种植植物可以同步进行。买回来的植物一般根系上都带有土团，种植的时候为了避免伤及根系，要带土进行移植。小缸的空间比较有限，可以先确定大型植物的位置，再摆放石头完善景观。水陆缸后景两角选择小叶赤楠。小叶赤楠的叶子小而密集，种植的时候可以利用前面的石头遮住主干和土团，只留出树冠部分的叶子，形成一种群山远处树林的视觉感，增加景观的景深效果。石头的摆放遵循主副配结构，因为要营造两侧高中间低的凹型构图，所以先确定两侧最高的主石，然后以主石为参照搭配副石和配石。切记要预留足够多的空间种植植物，因为水陆缸的植物占用的空间比水草缸的水草大，所以骨架不需要做得太细致。

　　继续丰富植物种类，种植顺序是先确定带土团的大中型植物，比如小叶赤楠、狼尾蕨、福禄桐等，再种植小型植物，比如菖蒲、网纹草、短绒藓等。把凹陷下去的地方用泥土填充起来，形成前低后高的斜坡，显得更有层次感。

大中型植物布置好之后，开始铺设苔藓。苔藓选用的是短绒藓，是一种外观比较细腻的苔藓。铺设的时候也是有技巧的。首先，从高往低铺，因为铺设时容易使泥土下落。其次，铺好一小片后，要用手轻轻压实，让它与底部的种植土紧密接触，更好地吸收水分。但注意不要完全压平，否则会显得呆板，应该是四周稍低，中间稍拱起来，这样的地形更有立体感。

步骤10

继续完善景观细节，种植一些小型的点缀性植物，如网纹草、菖蒲等。网纹草和菖蒲在种植的时候要把原来的种植基质清洗干净，然后像种水草一样用夹子夹住根系塞进种植土里，再用苔藓覆盖起来就可以了。种植工作完成后开始清洁，把缸里面的脏东西清理干净，并换上干净的水。（下页上图）

步骤11

最后把预先洗干净的化妆沙铺到水体区的底部，不用铺得太厚，刚刚把垫板遮住就可以了，一个凹型构图的小型水陆缸制作完成。（下页下图）

开缸要点

①选择带泵仓的缸体，方便日后维护或换泵。

②要铺设底板，避免石块砸碎缸体。

③作为"挡土墙"的石墙要围好，避免陶粒和泥土漏到水体区。

④根据水体区水位的高度铺设合适高度的陶粒。

⑤利用喷壶边喷水边倒种植土，以增加泥土表面的吸附力和摩擦力，从而制造一定的坡度。

⑥苔藓的铺设顺序要从高到低。

（2）案例二：跳跃（120cm×50cm×50cm）

本案例是一个结构稍微复杂的水陆缸造景，在前后分别做出横向和纵向结构，使得画面具有冲突和碰撞，显示出景观的立体感。

缸体参数 ▌

⊡ **缸体尺寸：** 120cm×50cm×50cm

💡 **灯光：** 霸王120，每天9小时

◉ **过滤：** 创星AT-103

🏔 **底床：** 陶粒、水苔、赤玉土、化妆沙

✍ **素材：** 青龙石

🌿 **植物：** 福禄桐、菖蒲、狼尾蕨、小叶赤楠、网纹草、灰绿冷水花、短绒藓

开缸步骤

步骤1

先把必要的设备安装好，包括灯光、过滤泵、底隔板。

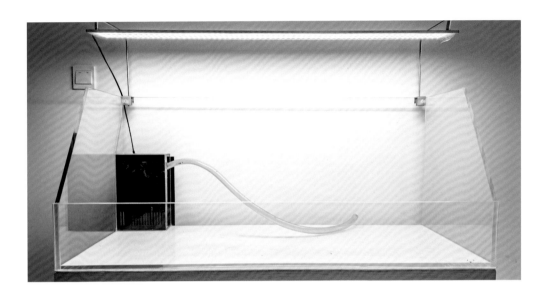

步骤2

开始造景。从左右两边向中间按照主副配结构砌石墙。石头要有高有矮，有前后位置的差异，打造出自然的错落感。注意石头的高度要高于前面水体区的水面，这样才能把后面的种植土挡起来。确定石头摆放合适后，打发泡胶固定。

在种植区底部铺上陶粒。考虑到缸体是中型缸以及疏水性的问题,建议使用直径大一点的陶粒。陶粒的铺设高度与水体区水位线基本持平。然后铺上适量的水苔,确保吸水和隔离效果。

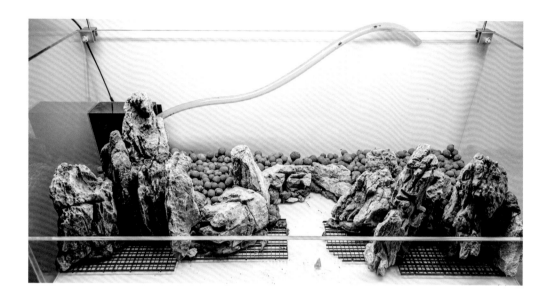

底座部分完成后,继续制作骨架。在前后方分别做出横向和纵向结构,横向结构用前大后小的关系体现景深,纵向结构继续用主副配结构做出山体,并通过打发泡胶和添加赤玉土稳固骨架。本案例中横向结构的两块石头比较突出,因此河道就没有做得太精细,直接隐藏在大的横向石头的后面。

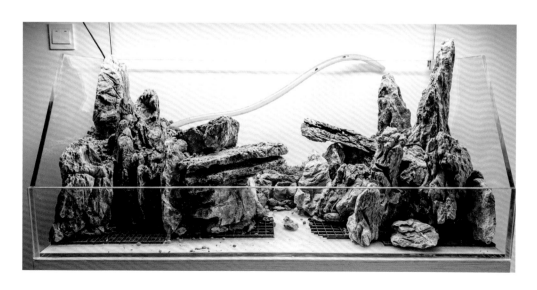

步骤5

　　植物种植和种植区景观完善同步进行。后景两角的木本植物选择了小叶赤楠，种植时用前面的石头将小叶赤楠的主干和土团遮挡住，只留出树冠部分的叶子作为观赏。顺延下来的位置种植狼尾蕨，表现山间蕨类旺盛生长。前景种植福禄桐，很好地表现出近景树的姿态。红色的网纹草点缀在横向石头附近，起到提色的作用。凹陷下去的地方用泥土填充起来，形成前低后高的斜坡，使种植区显得更有立体感。坡度比较大的时候，可以喷水防止种植土下滑。

步骤6

　　大中型植物布置好后，开始铺设苔藓和种植小型的点缀性植物，如菖蒲和灰绿冷水花等。整体景观完成后，把缸里面的脏东西和缸壁清理干净，换上清澈的水。

最后把预先洗干净的化妆沙放入水体区的底部，化妆沙是暖色调的，能起到提亮作品的作用。一个两层结构的水陆缸制作完成。

开缸要点

①尽量把出水口安排在靠近泵仓的一侧，既能保证出水量，也能减少预埋水管的长度，方便日后维护。

②这类中式的水陆造景可以适当增加一些横向突出的岩石，为整个景观添加趣味性。

③雾化器并不是必需品，可以根据周边环境的实际情况选择是否使用。

（3）案例三：水牧之道（120cm×50cm×50cm）

随着水陆缸在结构上不断创新，悬浮结构的水陆缸逐渐受到大众的喜爱。这个作品的灵感来源于张家界和清远天坑山洞，利用悬浮平面和倒立的石头制造视觉压迫感和冲击感，带来全新的观赏体验。搭配雾化效果，景观就像飘浮在半空中一样。

缸体参数

- ⊡ **缸体尺寸：** 120cm×50cm×50cm

- ⚲ **灯光：** 霸王T5，每天9小时

- ▧ **过滤：** 创星AT-103

- ⌣ **底床：** 陶粒、水苔、化妆沙

- ⊛ **素材：** 松皮石

- ⊛ **植物：** 福禄桐、菖蒲、小叶赤楠、短绒藓

开缸步骤

　　先把必要的设备安装好，然后开始砌石墙。因为这个水陆景观有悬浮结构，所以石墙的位置要相对靠后，悬浮效果才会比较明显。

　　砌墙完成后，制作悬浮结构。将石头切割开，平整的一面朝上作为悬浮面。将悬浮结构设置到合适的位置，一侧要有固定石头作为支撑，另一侧可以用其他石头暂时支撑，用瞬干胶水把山体部分和悬浮结构初步固定，再用发泡胶二次固定，固定好后根据实际情况去掉暂时支撑的石块。在石墙围起的空间里倒入陶粒，铺上水苔。

步骤3

　　继续向上增加悬浮结构。选好支撑位置，确定悬浮结构位置，先用瞬干胶固定，再用发泡胶二次固定。重复以上流程，向上制作两三层悬浮结构，最高一层用主副配结构做出山峰形态。

步骤4

　　用主副配结构把悬浮结构和山峰连接起来，调整细节，提高骨架的整体性。骨架完成后铺上化妆沙。

　　种植大中型植物，因为本案例的种植空间较小，用植物本身自带的种植土就可以。将小叶赤楠、菖蒲等植物种植在石头缝隙间。

步骤6

　　铺设苔藓。将苔藓尽量铺在悬浮面上，突出悬浮感。

整体景观完成后，将缸里面的脏东西和缸壁清理干净，换上清澈的水。最后放入观赏鱼，为景观增添生气。

前两个水陆缸是靠水苔把水吸上来供给赤玉土，为植物提供水分和湿度。本案例悬浮结构的水陆缸，因为结构和制作流程不同，不能靠吸水来保持湿度，需要人为添加喷淋设备保持湿度，下图中喷淋设备的喷头已经安装在灯板上了。

开缸要点

①制作悬浮结构的造景最好选择质量比较轻、容易切割的石头，比如松皮石、轻石。

②悬浮结构尽量要有固定的石头作为底部支撑，不要单纯依靠胶水的附着力，不然时间长了石头可能掉下来砸坏缸体。

③悬浮结构的水陆缸一般需要增加喷淋系统为植物提供水分。

（4）案例四：万仞摩天（35cm×25cm×33cm）

本案例是用树脂作为骨架的小缸体水陆缸，营造出山涧的感觉，细细的水流从高耸的岩石缝隙中流下来汇聚成溪流。

缸体参数▌

- ⊡ **缸体尺寸：** 35cm×25cm×33cm
- ⚲ **灯光：** 汇心自然C30-T，每天9小时
- ⊜ **过滤：** 创星AT-201
- ⊞ **底床：** 轻石、水苔、赤玉土、化妆沙
- ⚒ **素材：** 树脂骨架
- ⚘ **植物：** 台湾达摩小叶九里香、六月雪、米叶杜鹃、短绒藓

开缸步骤

先把必要的设备安装好，然后把树脂骨架放到缸里。这是一种树脂起膜一体成型的骨架，突破了传统的树脂工艺，最大限度保留了素材的天然纹理，非常逼真。有了适合缸体大小和构图的树脂骨架，即使动手能力较差的朋友也能轻松造景了。

128

步骤2

把水泵与骨架的出水口连接好，倒入轻石，铺上水苔。注意缝隙中也要铺上水苔。

在水苔上面放上赤玉土，就可以开始种植植物了。因为是小型缸体，所以用了叶片较小的木本植物来模拟自然界的树木。

铺上苔藓，整个景观立刻变得生机勃勃。需要注意的是，因为前面的苔藓和植物是靠吸收从山体上流下来的水来维持湿度的，所以需要在水流两旁加入水苔来吸水。

最后放入化妆沙和小鱼，整个景观制作完成。

开缸要点

①树脂骨架的出现大大方便了水陆缸的制作，但也有限制，一般的树脂骨架都不会很大，只能满足小型水陆缸的制作。

②溪流旁边石面上的植物需要利用铺设的水苔进行保湿和提供生长所需的水分。

4. 雨林缸开缸步骤

（1）案例一：邃隐溪涧（120cm×60cm×160cm）

　　这个作品想要呈现幽邃的溪流岩洞景观，潺潺的溪水从洞中流下，错综复杂的藤蔓顺着木桩向上攀爬。散射光线照射下，水面上的枝繁叶茂与水面下的幽暗形成鲜明的对比。

缸体参数▌

⬚ **缸体尺寸：** 120cm×60cm×160cm

💡 **灯光：** 植物射灯，每天9小时

◉ **过滤：** 创星AT-103

⬛ **底床：** 化妆沙

🐚 **素材：** 杜鹃根、火山石、仿真藤蔓

🌿 **植物：** 积水凤梨、银线蕨、冬青蕨、灰绿冷水花、空气凤梨、花叶霹雳、迷你霹雳、大灰藓

开缸步骤

　　先安装好必要的设备，做好搭建骨架的准备工作。小型的雨林造景一般选用LED板灯，光照均匀，但照明范围有限。大型的雨林造景一般选用轨道LED射灯，根据照明的需要安装好轨道，然后配备合适数量的射灯。注意这里用到的是植物射灯，不是普通的照明用射灯，两者的光谱有所不同，植物射灯能提供更适合植物生长的光谱。如果选择的是RGB植物射灯，显色效果会更好。在玻璃缸壁上打一层发泡胶，用来固定苔藓，苔藓不能直接粘在缸壁上，需要有一个固定和保存水分的载体。

步骤2

在缸底后半部分放入黑色的火山石和杜鹃根，做出底部基础。这个缸体没有设置泵仓，过滤泵是用黑色粗海绵包裹好埋在火山石下面的。注意最好把压在过滤泵上面的火山石做成活动的，不要用发泡胶粘死，这样即使过滤泵坏了，也可以轻易地取出来替换。骨架基础的搭建跟水陆缸的石墙作用相似，主要是分隔开前面的水体区和后面的种植区。不同的是，雨林缸不需要像水陆缸那样靠种植土吸水供植物生长。雨林缸有自己的喷淋系统，可以提供植物生长所需要的水分，另外大部分雨林植物是附生的，不需要种在土里也能成活。

这个缸体是一个比较高的竖缸，要从基础一层层往上搭建骨架。注意上层的骨架不能对下层的空间有太多的遮挡，一方面喷淋系统是从缸的顶部往下喷水，如果遮挡严重，水分就不能很好地到达下面的植物；另一方面也会遮挡上部的灯光，导致下面的植物接收不到充足的光照。

步骤4

　　背景墙全部铺苔藓会显得单调，可以点缀一些火山石，营造丰富的地形效果。可以选择PU材质的仿真火山石，也可以选用一些比较轻的、中小号的火山石，然后用502瞬间胶和发泡胶粘在背景板上。注意一定要挑选轻一些的石头，并确保粘贴牢固。粘贴时石头要尽量靠着沉木，利用沉木为石头提供一定的支撑力。

进一步完善骨架，使用仿真藤蔓增加热带雨林的细节和氛围。仿真藤蔓一般是用PU包裹铁丝制成，既方便造型，也不容易生锈。还可以自制仿真藤蔓，在粗麻绳外刷一层黑色玻璃胶，然后粘上椰土装饰。但是由于粗麻绳比较软，在造型上有所局限。另外不太建议选用真的藤蔓，较细的真藤蔓在长期喷淋之下容易发霉烂掉，较粗的真藤蔓会由于太硬而难于造型。一般将仿真藤蔓缠绕在高处的木头上，让一部分垂吊下来，营造原始森林的氛围。尽量避免选用同一尺寸规格的仿真藤蔓，要有大中小的变化。

　　骨架基本完成后开始布置植物。先用大型植物，如蕨类植物、冷水花等遮挡凹陷的坑位和素材之间的衔接处。这些植物的冠幅较大，会遮挡较多的光照和喷淋水分，因此尽量布置在缸体的中下部。

　　布置植物的时候，还需要注意植物本身的生长习性，比如耐阴、喜光、耐旱、喜湿等，要把不同植物安排到合适它们生长的地方。观叶海棠和竹芋尽量种植在湿度比较大，光照不太强烈的位置。苔藓很难一年四季都保持常绿，特别是炎热的夏天，容易发黄，因此背景墙部分可以种植藤蔓植物替代苔藓，比如霹雳、灰绿冷水花等。藤蔓植物可以爬满背景墙，且长期保持比较好的观赏状态。注意如果藤蔓植物爬到蕨类和凤梨等其他植物上，要及时调整或摘除，否则这些植物会因被遮盖而无法接收光照，最终枯萎。

　　把水上部分露出来的发泡胶用苔藓覆盖。准备好苔藓胶和牙签，为了增加牙签的韧性，还可以把牙签用水泡一下。牙签对折但不要完全折断，保留一些连接，形成Ⅴ字形。像水陆缸一样，从高处向低处铺苔藓。先在苔藓背部或者需要铺苔藓的发泡胶上喷一层苔藓胶，然后把苔藓铺上去，用手把苔藓尽量按压服帖，最后用Ⅴ字形牙签再次固定苔藓。通过双重保障可以使苔藓牢固地固定在背景板上，不会因为喷淋后重量增加而掉落。

　　种植积水凤梨和空气凤梨，它们是雨林缸中最具代表性的植物。积水凤梨和空气凤梨在原生地都是以附生的方式生长在树枝或者树干上，因此在雨林缸里种植的时候也要遵循它们的生长习性。积水凤梨和空气凤梨的种植方法类似，可以直接把它们卡在树枝间，也可以用鱼丝或者棉线捆绑在树枝上。积水凤梨积水后重量会增加，特别是个头比较大的积水凤梨，固定的时候要尽量绑得牢固一些，以免掉落。一段时间后，它们就可以通过根部把自己固定在附着物上。积水凤梨和空气凤梨的种植位置可以是整个缸中光照最强烈的地方，但水分不要太大。强烈的光照可以让积水凤梨发色，展现出色彩绚烂的叶色。积水凤梨能自我储存水分，耐旱耐干。空气凤梨不需要直接接触水分，只要保持一定的空气湿度即可，过湿反而不利于生长，甚至发黑腐烂。完成所有植物的种植后，通过加水、换水把缸里的脏东西清理干净。在清洁过程中还可以调试喷淋系统，将缸壁上的苔藓都打湿。

最后在水体区的缸底倒入预先洗干净的化妆沙。如果想增加景观的趣味性，还可以在水中加入雾化器。本案例的缸体不大，普通的雾化头式雾化器就足够。一个五彩斑斓、充满神秘色彩的雨林景观制作完成。

开缸要点

①可以选择带泵仓的缸体，方便后期维护。

②缸体要预留溢水孔，避免缸内水体因喷淋过量而溢出。

③造景时候注意上下层的遮挡关系。

④控制好藤蔓植物的生长速度和生长空间。

⑤用对折但不断开的牙签加固苔藓。

（2）案例二：一野平川（180cm×35cm×100cm）

这是一个横长型的雨林缸，利用横向空间布置景观。作品放置在家居餐厅的壁柜处，宽度只有35cm，缸体是量身定制的特殊缸体，分为水上和水下两个部分。水上以积水凤梨、空气凤梨和蕨类植物为主搭配沉木造型从两边向中间延伸，水下以迷你水榕和迷你椒草等阴性水草为主组合造景，水上和水下部分借助沉木造型互相延伸和过渡，形成完整的雨林造景。

缸体参数

- ⬚ **缸体尺寸：** 180cm×35cm×100cm

- 💡 **灯光：** 奥德赛植物灯，每天9小时

- ◉ **过滤：** 创星AT-103

- 📠 **底床：** 化妆沙

- 🔖 **素材：** 沉木、火山石

- 🌿 **植物：** 积水凤梨、空气凤梨、银线蕨、仙洞龟背竹、孔雀竹芋、小仙女、大灰藓、迷你水榕、迷你椒草

开缸步骤

　　布置好必要的设备后，放置主要的骨架素材，然后在背景墙上打发泡胶。打发泡胶的时候，可以把喷头部位的长管拿走，离开缸壁一定距离用力按压，将发泡胶喷洒在缸壁上，这个动作有点像喷洒香槟酒。发泡胶不要一次喷太厚，因为缸壁本身比较光滑，而且是垂直的，如果一次喷太厚，重力就会大于粘力，发泡胶会整片掉下来。如果是小型雨林缸就比较简单省事，可以先把缸背放平，打好发泡胶之后再把缸立起来，但大型缸体就不适合这样的操作。

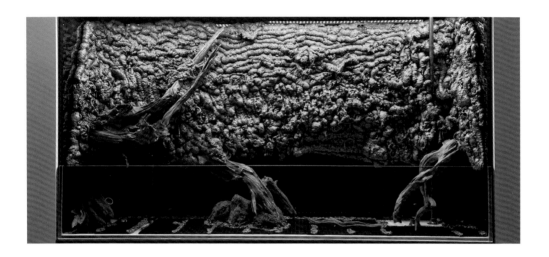

　　在主木上增加副木和配木，木头底部用黑色火山石固定。现在能够看到骨架的整体构图是凹型构图，以黄金分割点为界分为左侧的主景和右侧的副景。

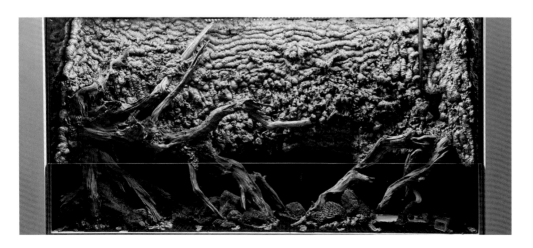

进一步完善细节。看似是一个整体的沉木造型，其实并不是一块木头，而是用外形和纹路相似的沉木组合搭建出来的。因此，没有不好看的素材，只有不合适的素材。

通过种植大中型植物，把骨架里面的瑕疵部位修饰好。本案例选择了银线蕨、仙洞龟背竹、孔雀竹芋、小仙女等。

步骤5

继续丰富植物的多样性，增加空气凤梨和积水凤梨。

步骤6

铺设背景墙部分的苔藓。当背景墙由黑色变成鲜绿色后，整个画面的氛围就完全不同了，这就是植物的魅力。

　　清洁缸体，铺上化妆沙，然后注水。本案例还在水体区种植了一些水草。由于光照的遮挡、缺乏二氧化碳等客观因素，能选择的水草品种局限性很大，水榕类、椒草类等比较好养的水草都是不错的选择。

开缸要点

①大型缸壁背景的发泡胶要分层喷洒。

②水体区可以适当增加一些易活好养的水草，增加水体区的趣味性。

（3）案例三：静谧之森（500cm×100cm×230cm）

本案例的雨林缸是由两个不同高度的缸体组合而成，可以说是一种异形缸体。雨林造景不受限于缸体形状，甚至不需要缸体，在水池中也可以造景。这个作品放置于展厅的中庭过道处，位于整个展厅的中心地带，因此布置成开放式的景观。整体分为悬挂骨架和水体两个部分，悬挂骨架用藤蔓和大型杜鹃根树桩互相缠绕形成主体，水体部分是定制的L形特殊缸体，水下部分是主体骨架的承接部位。

缸体参数▌

- :: **缸体尺寸：** 500cm×100cm×230cm，异形缸
- ⚲ **灯光：** 植物射灯，每天9小时
- ⬡ **过滤：** 创星AT-105
- ⌂ **底床：** 化妆沙
- ✍ **素材：** 杜鹃根、火山石
- ✍ **植物：** 积水凤梨、空气凤梨、银线蕨、菖蒲、冷水花、狼尾蕨、石斛、富贵蕨、孔雀竹芋、小仙女、大灰藓、短绒藓、小水榕、迷你水榕、迷你椒草

开缸步骤

    由于缸体尺寸比较大，为了在景观上体现出树木的感觉，素材方面选择的是大型的杜鹃根。杜鹃根的形成方式和沉木的形成方式不同，保留了不同粗细的根，可以用来模仿树木的枝条，更好地表现整株树木的形态。沉木通常只保留粗壮的树干部分，要拼凑成一株完整的树木会产生很多拼接部位，横向的枝条也会难于固定。

布置好基本的树木骨架之后，添加藤蔓细节。本案例采用的是凹型构图，左右两侧的树木形成呼应，中间上部空间两侧的藤蔓相互连接，使整个作品形成一个整体。

步骤3

粘贴背景墙上的苔藓。在比较复杂的造景中，粘贴苔藓可以在种植其他植物之前进行。植物都种好后，位于背景部分的苔藓就会很难粘贴，粘贴过程中也容易破坏种植好的植物。然后确定大中型植物的种植位置，植物选择非常丰富，以积水凤梨、空气凤梨和蕨类植物为主。

　　完成水上部分的种植,包括冷水花、菖蒲、孔雀竹芋、小仙女、石斛等。清洁缸体,铺上化妆沙,然后注水。水下部分搭配了迷你水榕、迷你椒草和小水榕等阴性水草,丰富水下元素的同时也与水上部分的景观形成过渡与衔接。

开缸要点

①注意两个缸体之间景观的连接和呼应。

②复杂的雨林造景可以先铺设苔藓再种植其他植物，避免植物都种好后制约操作的空间。

（4）案例四：森林一角（60cm×35cm×35cm）

微型雨林缸的尺寸一般在60cm以下，在市场上可购买到缸体、灯光、喷淋、排风等搭配好的整套微型雨林缸设备，省去新手们的很多烦恼。本案例的微型雨林缸模拟了大自然雨林景观中的一个小角落。

缸体参数 ▌

⌖ **缸体尺寸**：60cm×35cm×35cm

💡 **灯光**：妙思植物灯，每天9小时

🏔 **底床**：水苔、赤玉土

🪨 **素材**：杜鹃根、火山石

🌿 **植物**：空气凤梨、狼尾蕨、菖蒲、附石蕨、网纹草、花叶霹雳、大灰藓

开缸步骤

步骤1

　　安装好必要的设备，做好搭建骨架的准备工作。在缸壁上打一层发泡胶作为固定苔藓的载体。缸底放置格子板，既可让缸底受力均匀，也可作为隔离层。

步骤2

　　因为缸体比较小，而且缸体大多数时间处于密闭状态下，所以骨架不用做得太复杂，简单在缸体里用木头做几个横向结构即可。简单的结构更利于植物的种植和空气的流动。木头底部用黑色火山石固定。

步骤3

先种植叶片稍大的植物，如狼尾蕨和冷水花等，把骨架上的瑕疵部位修饰好。

步骤4

在缸底铺上水苔，倒入赤玉土，然后在缸底和背景上种植苔藓。

步骤5

　　最后加上细长的杜鹃根、附石蕨、花叶霹雳和菖蒲刻画细节，再加上彩色植物，如空气凤梨和网纹草，丰富景观整体的色彩。

开缸要点

①微型雨林造景可直接在网上购买整套缸体和设备，方便制作。

②微型雨林缸的空间有限，植物的选择也相对受限，积水凤梨等大型雨林植物基本可以不用考虑。

③一些套缸会忽略溢水口的设置，造景之前要自己加工预留溢水口，不然喷淋时间长了，缸里面的水会溢出缸外。

（5）案例五：森（60cm×45cm×45cm）

本案例灵感来源于热带雨林里乱而有序的攀藤景象。森林里面枝繁叶茂，枝条凌乱但有序。采用了发泡胶雕刻的手法，更好地把控硬景观的造型，增强视觉上的方向感。

缸体参数

- 缸体尺寸：60cm×45cm×45cm
- 灯光：迪宏植物灯，每天9小时
- 过滤：创星AT-302
- 底床：化妆沙
- 素材：杜鹃根
- 植物：翠云蕨、圣诞蕨、瓦韦蕨、短绒藓、大羽藓、小灰藓、迷你水榕、藤蔓植物

开缸步骤

步骤1

安装好雨林缸配套设备，包括灯光、风扇、喷淋泵和喷头，然后开始搭建骨架。本案例的骨架搭建有些特别，没有使用火山石，全部用发泡胶代替。用发泡胶将背景和基座的大体轮廓制作出来，然后用美工刀雕刻成岩石的形状。这种做法可以降低成本、减轻景观的重量，而且造型的自由度比较大，但比较费工时。

这个骨架要表现出根系的力量感，因此用了大量的杜鹃根，在画面上呈现出强烈的线条感。将一条粗壮的杜鹃根作为主体，做出横跨式的结构。缸体比较小，制作骨架的时候要注意素材间的距离，较大的留白空间更利于空气的流动、植物的种植及后期的维护。

步骤3

在主体部分上适当添加小的杜鹃根，丰富骨架的细节。通过不断地调整，骨架制作完成。

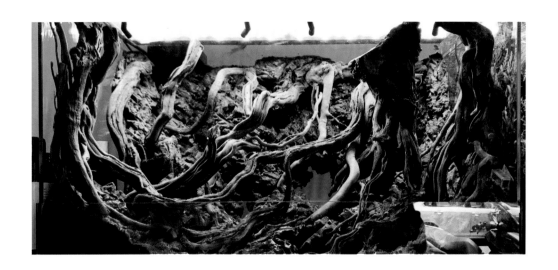

步骤4

在骨架上种植苔藓等植物。本案例没有使用积水凤梨，而是用了大量的苔藓、小型蕨类植物及藤蔓植物，配上雾化效果，为景观增添了一分神秘的幽深氛围。最后在缸底铺上化妆沙，种上水下植物，注水，整个景观制作完成。

开缸要点

①苔藓景观是雨林缸造景里比较独特的一种风格，以苔藓植物和小型植物为主要造景植物。

②制作小型景观骨架的时候，一定要考虑预留后期维护的空间。

③通过对发泡胶表层的切割雕刻，也能营造出岩石的感觉。

第 5 章
水族造景的后期维护
及鱼类选择

1. 定期修剪

水族造景是一个有机的生态系统，不仅包含各式各样的植物搭配，也有不同品种的生物搭配。掌握正确的维护知识和技巧，才能让景观延续下去。草缸布置好后一个月左右，水草开始适应新的环境，会不断吸收养分长高长大，长出新叶子，草缸进入正常的维护期。在此期间，定期修剪水草是必不可少的。修剪水草需要用到的工具主要有剪刀、镊子、刮藻刀、水管等。

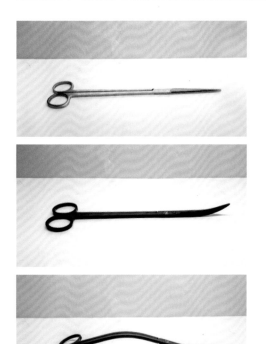

- **剪刀**

剪刀可以细分为直剪、弯剪、波浪剪。直剪用来进行普通的修剪，比如水榕的叶子枯黄老了，可以用直剪直接剪掉枯黄的部分。弯剪主要用来将水草修剪成平面，比如底床的矮珍珠长高后，可以用弯剪贴着底床将矮珍珠剪薄，使其保持平面的状态。波浪剪可以把丛生的水草修剪成球形或者弧形，比如后景的宫廷草长高了，可以通过波浪剪把它们修剪成一个个球形。

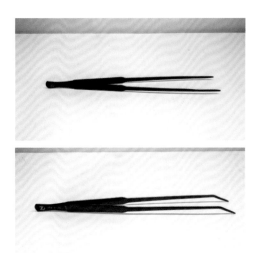

- **镊子**

镊子可以细分成直镊子和弯头镊子。它们的主要用途是种植水草，此外还可以用来把沉底不好取的碎叶或者垃圾夹取出缸外。

● 刮藻刀

刮藻刀的用途是清除缸壁上的绿斑藻（俗称青苔）。只要有光和水的地方，就会有绿斑藻的产生，它们会依附在木头、石头、缸壁上。其中缸壁上的绿斑藻需要通过刮藻刀清除。

● 水管

水管主要是用来抽水和加水。修剪水草的时候，特别是莫丝类，散碎的叶片会满缸漂浮，很难去除干净。这时可以通过两根水管，一根水管保持加水，另一根水管保持吸水，这样就可以一边修剪，一边把散碎的叶片吸走。

　　水草有不同的生长方式，有向上生长的，长到一定高度会严重遮挡光线，使得下方的水草接收不到充足的光照；有匍匐生长的，会占领其他水草的生长区域，使得其他水草不能正常生长；还有的水草会越长越厚，一层一层覆盖生长，使得底部的水草最终吸收不了养分而死亡。通过定期修剪可以解决过高过密的水草。尽管水草的品种很多，但总的来说，大概可以分为以下几种修剪方式。

对于有茎类的阳性水草，只要根据所需长度把多余的茎部剪掉即可。需要注意的是，阳性水草需要养分较多，因此修剪后要及时补充液肥，促使水草长出新的芽头，不然水草就会越剪越瘦弱，最后因为养分不够而死亡。

对于水榕类、蕨类植物等阴性水草，只要把发黄的老叶或者受伤的烂叶剪掉即可。这类阴性水草生长缓慢，修剪完后可以不用专门追加液肥，按照日常维护定期添加就可以。

对于莫丝类、矮珍珠类、挖耳草、牛毛草类这些越长越密的水草，修剪的时候需要把它们的厚度剪薄，不用太顾虑是否会伤害水草的根部影响二次生长。剪薄后需要添加液肥促使二次生长，不久后就又可以看到绿油油一片的水草。

水陆缸和雨林缸以陆生植物为主，只需要定期清理枯叶，当植物长到一定高度时进行打头处理，防止徒长。当然也可以根据自己的喜好，把后景的丛生植物，比如狼尾蕨、小叶赤楠等修剪成球形或者流线形。

2. 光照时长

水草缸根据所种的水草喜光性不同，建议光照时长为每天6~9小时。以阴性水草为主的缸体，可以缩短光照时长，以阳性水草为主的缸体，则要增加光照时长。对于新开的水草缸，光照时长是有特别要求的。因为新开的水草缸里面的水草需要适应期，这段时间水草生长是很缓慢的，所以水里面会残留很多过剩的养分。如果这时候光照时间过长，过剩的养分就会被各种藻类吸收，处理不好就容易导致藻类泛滥，也就是俗称的爆藻。因此，新开的水草缸建议光照时长为每天2~4小时，然后每周适当延长1小时，直至达到6~9小时。

水陆缸和雨林缸都是以水上植物为主，因此不用担心暴藻，对于光照时长也没有非常严格的要求，保持每天9~10小时即可。

3. 换水周期

换水对水草缸非常重要，通过换水可以稀释水中的硝酸盐。对于新开的水草缸，建议第一个月每三天换水一次，每次换水1/3，这样可以稀释水草泥中溢出的养分，减少爆藻情况的发生。为什么一次性的换水量不是越多越好呢？这是因为换水太多容易导致水体中的硝化系统崩溃，导致有益微生物的死亡。每次换水1/3，让新水和旧水混合在一起，可以减少对缸体内生物的影响。

进入第二个月，水草开始正常生长，吸收的光照和养分都会增加，因此换水不用太频繁，建议每周换水一次，每次换水 1/3。

水陆缸和雨林缸的水中植物和生物都相对较少，因此换水不需要像水草缸那么频繁，建议一两个月换一次水，每次换水 1/3。

4. 施肥

新开的水草缸因为有水草泥的存在，所以基本不会缺肥。开缸两三个月后，可以根据水草的状态针对性施肥。所有植物生长都需要无机营养元素，包括碳、氢、氧、氮、磷、钾、钙、镁、硫、硼、铁、锰、锌、铜、钼，这些元素均不可被替代，并且植物会有选择性地吸收利用必要的元素。植物生长对于这些元素的需求遵循木桶理论，即植物生长的状态及速度取决于最少的养分。因此施肥需遵循各种无机营养元素均衡的准则。市面上有很多综合液肥、营养元素液肥可供选择。

水陆缸和雨林缸的维护相对水草缸来说比较简单。因为植物大部分都是陆生的，日常只需要保证景观空间的湿度和光照，定期喷洒经过稀释的液肥就可以了。

5. 水草缸的藻类防治

对于新入门的爱好者来说，水草缸最令人头疼的问题莫过于藻类的不可控生长。只要有水和光的存在，藻类就会在不知不觉中生长，如果一直任其生长，蔓延到整个水草缸，会严重影响水草的生长和观赏，这种情况俗称爆藻。其实，藻类也是水生物的一员，它和水草是长期博弈共存的，不可能完全消灭。水草状态好的时候会抑制藻类的生长，反之水草状态不好的时候，藻类就会乘机生长，加剧水草状态的恶化，最后占领整个水草缸。因此，平时要养成定期换水的习惯，以稀释水中的硝酸盐和过剩养分，维持适合水草生长的动态平衡状态——水草生长得好，藻类自然就能被控制。

另外也可以使用一些工具鱼虾来防治藻类，比如青苔鼠、小精灵、黑线飞狐、小猴飞狐、黄金胡子、草虾、大和藻虾、紫鳍吸鳅等。这些工具鱼虾可以起到防治藻类的作用，让各种藻类孢子在刚萌芽的时候就得到有效控制，阻止其蔓延生长。毫不夸张地说，水草缸可以没有观赏鱼，但绝对不能没有工具鱼虾，它们是维护水草缸生态平衡的一个重要环节。

青苔鼠

小精灵

黑线飞狐

小猴飞狐

黄金胡子

草虾

大和藻虾

紫鳍吸鳅

当有些无法避免的情况导致藻类爆发的时候，就需要根据实际情况进行有针对性的控藻治理。接下来了解一下水草缸中常见的藻类。

褐藻

硝化系统未建立时和硝酸盐过高的时候容易产生，多滋生在缸壁和水草叶片上。

治理方法

缸壁上的褐藻可以用刮藻刀手动清除，水草叶片上的可以用食藻类的工具鱼虾，如青苔鼠、小精灵、草虾、大和藻虾等清除。连续换水两三天，每天换水量为缸体水量的2/3。

绿斑藻

在养分过剩、光照时间过长或过强的时候容易产生，多滋生在平坦的地方，比如生长缓慢而且叶片较大的水草上或者比较平整的木头、石头上。

治理方法

木头或石头上的绿斑藻可以用工具刮藻刀手动清除，水草叶片上的可以直接剪掉。除了保持正常的换水量外，需要减少光照强度或时长。

丝藻

无机营养元素不均衡、光照时间过长或过强的时候容易产生，购买的莫丝类水草常带有丝藻。

治理方法

丝藻是细丝状的，可以用牙刷等工具将其缠绕拔取出来。减少光照强度或时长，甚至可以关掉照明两三天，期间加入大量的工具虾，可以有效消灭大部分丝藻。

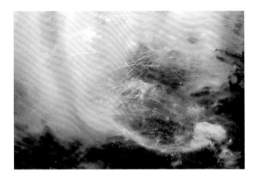

水棉

一种不分枝的丝棉状绿藻，多以团状形式出现，易与丝藻混淆，但水棉细胞壁外层有果胶质，触之有贴滑感，相对丝藻来说更柔软。

治理方法

放入食藻类的工具鱼虾清除即可。另外水族的UV杀菌灯对水棉生长也有一定的抑制作用。

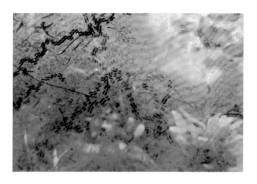

绿尘藻

通常发生于水族缸的缸体表面，形成一层灰尘状的绿色黏膜，严重时会覆盖住整个水族缸的玻璃。

治理方法

绿尘藻偏爱强光，将玻璃表面的绿尘藻刮干净并不能阻止绿尘藻再发。因为绿尘藻是游动孢子，能够在水中漂浮30～90分钟，然后再度依附到玻璃表面。清除绿尘藻的时候，建议使用纳米海绵保持贴紧缸壁的状态，一直把绿尘藻擦到缸顶再松手，这样可以把绿尘藻完全带离缸壁。另外带有吸盘功能的工具鱼，如青苔鼠、小胡子，也能起到抑制绿尘藻的作用。

黑毛藻

水草缸里最难处理的藻类，它的适应性很强，有强大的附着能力。通常开始的时候滋生在水流比较急的地方，后来会不断蔓延。

治理方法

如果只是小部分生长，可以通过手动刮除和剪掉有黑毛藻的叶片即可。如果是大面积蔓延，就需要将缸里的水抽走后，用除藻剂进行点射，等待五六分钟后再注入新水，这样能在不大量使用除藻剂的前提下，保证高浓度的除藻剂量，治理后把水放回缸里又能稀释除藻剂量，减少对水草和生物的伤害。但因为黑毛藻的生命力非常顽强，这种治理方法需要重复多次才能有效果。

6. 造景中的鱼类选择

造景设计完成之后，通过日常维护养好植物状态之后，就是时候添加鱼类了。鱼类能提高整个景观的生动性和观赏性，达到动静平衡、画龙点睛的作用。一般按照缸体大小搭配鱼的种类。大多数热带观赏鱼适宜的温度为20~28℃。如果缸体没有保温设备，那么可以选择比较耐冷的鱼，一些冷水观赏鱼可以适应低至10℃的温度。下面来了解一下造景中常配搭的鱼类。

水草缸和小型的水陆缸一般配搭体型稍小一些的鱼，如灯科鱼。

宝莲灯鱼

学名阿氏霓虹脂鲤，原产南美洲亚马孙河流域。宝莲灯鱼娇小纤细，体长2～4cm，体侧扁，呈纺锤形，吻端圆钝。鱼身上有两条明亮的色带，从鱼吻到接近尾部上方的色带为蓝绿色，下方色带为红色，全身带有金属光泽，游动时闪闪发光，非常美丽。宝莲灯性情温和，宜群养。

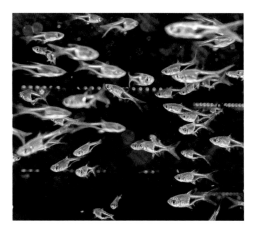

三角灯鱼

原产泰国、马来西亚、印度尼西亚等地，属中层鱼。体型侧扁，体长3～5cm，体前部呈橘色，背鳍前端下方与腹鳍前端连线开始至尾柄部为三角形斑块，按三角形的大小和颜色又可以分为金三角灯鱼、小三角灯鱼、紫蓝三角灯鱼。

喷火灯鱼

也称橘帆梦幻旗鱼，原产南美洲亚马孙河流域，体长3～4cm，全身呈橙红色或红色，身体半透明状，有金属光泽。在绿色水草的衬托下更为引人注目。

红鼻剪刀鱼

原产南美洲的巴西，体长3～5cm，全身银白色，近似透明，水质稳定和鱼体健康时头部呈红色，吻部鲜红色，尾鳍上有黑白条纹。红鼻剪刀鱼群游性特别强，适合在宽阔的水体中群游。

蓝眼灯鱼

学名诺门氏孔灯鳉，原产西非的高原湖泊水域。蓝眼灯鱼的眼睛呈鲜蓝色，在黑暗中会发出迷人的蓝光，体型娇小，体长2~3cm，性情温和，有群游性。

樱桃灯鱼

主要分布在南美洲和斯里兰卡，体长3~5cm，身上有一条黑色的横纹，全身呈淡淡的樱桃色，随着个体成熟颜色会越来越深。樱桃灯鱼个性温和，容易饲养，喜欢在中层水域游动。

斑马鱼

分布于孟加拉、印度、巴基斯坦、缅甸、尼泊尔的溪流。斑马鱼是一种常见的热带鱼，身体修长，头小而稍尖，吻较短，体侧布满多条纵纹色带，纹路清晰似斑马，喜欢在上层水域游动。

黑灯鱼

学名黑异纹魮脂鲤，也称黑莲灯鱼，是脂鲤科的一种小型观赏鱼。在野外分布于亚马孙河下游沿岸原始森林间的水域中。黑灯鱼体长3~4cm，小巧玲珑、晶莹剔透，体侧中部有银色和黑色两条纵带，其适应能力很强。

在大型水陆缸或雨林缸里一般选用体型稍大一些的观赏鱼。

玛丽鱼

学名为茉莉花鳉，也称摩利鱼，原产中美洲的墨西哥。体长6~10cm，性情极温和，从不攻击其他鱼，杂食，对水温适应能力较强。玛丽鱼有多种人工选育的变种，有黑色、白色、黄色，还有腹部圆如气球的皮球玛丽鱼（玛丽球）等。

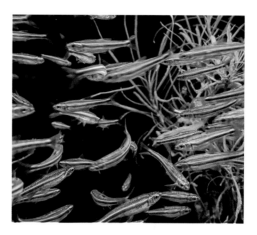

紫光精灵

也叫多彩霓虹鱼，体型修长，体长5~8cm，全身有金属光泽。呈银紫色，胸鳍有荧光蓝色，很具观赏性。紫光精灵鱼喜欢群居活动，时常活动于中下层水域，比较耐低温。

懒人鱼

是人工培育的品种，由金鱼、锦鲤、金鲫、非洲鲫等多种鱼种杂交而成，既有金鱼的艳丽体色和修长的尾巴，又有锦鲤的体形和鲫鱼的矫健。性情温和，杂食，对水温和水质的适应能力都很强，冬天无需保温。

鳑鲏

常见的原生冷水鱼，是鲤科鲤形目鱊亚科所属鱼类的通称，广泛分布于东亚、东南亚。鳑鲏体长3~10cm，体呈侧扁型，头短嘴小，背、臀鳍较长，鱼鳍呈淡黄色，体表有光泽，有着极高的观赏价值。

第 6 章
水族造景作品赏析

1. 梦之森源

2016年ADA世界水草造景大赛优秀奖

2016年AGA世界水草造景大赛大缸组铜奖

《梦之森源》的主题是寻找森林起始的源头，森林的源头是一个梦一般的仙境，表达对美好事物的向往。灵感来源于动漫游戏中的场景，走进原始森林，千姿百态的古木奇树、纵横交错的地面根、附生的蕨类植物、地衣、苔藓等映入眼帘，令人目不暇接。作品运用重复性突出森林的主题，利用近大远小营造景深。以一棵倒下的古木作为前景主角，与后景郁郁葱葱的茂密森林形成对比，并用垂吊下来的藤蔓增加景观的细节和氛围。利用路的指向性导出作品的消失点，以第二棵横跨的古木作为结尾，与前面倒下的古木相呼应。

缸体参数

🔲 **缸体尺寸：** 120cm × 50cm × 50cm

💨 **CO₂：** 1.5泡/秒，24小时

🪨 **底床：** 火山石、尼特利水草泥

🐟 **生物：** 喷火灯、青苔鼠、草虾、杀手螺

🌿 **植物：** 水晶莫丝、珊瑚莫丝、垂泪莫丝、火焰莫丝、青木蕨、辣椒榕、小美凤莫丝、绿藻球

💡 **灯光：** 卤素150W（2盏），每天6小时

🗂 **过滤：** CF-1200、CF-800

🪵 **素材：** 水库木、杜鹃根、榕树须、青龙石

☀ **维护：** 每三天换水1/3

前景选用粗大的杜鹃根制作一个∨字形结构，后景用笔直的小杜鹃根作为远景的树木，使前景形成横纵的对比。为了表现蛟龙盘绕的地面根和垂吊下来的藤蔓，加入了很多细小的杜鹃根和榕树须作为点缀，细节的调整往往需要花费很长时间。

骨架制作好之后，利用水草为其赋予生命力。了解水草的习性和形态才能更好地还原具头的场景。用水晶莫丝模拟地衣、苔藓，珊瑚莫丝模拟树上的叶子，青木蕨模拟蕨类植物等。

经过三个月的水旱生长和修剪，以及骨架的不断调整，最终成景。

2. 德鲁伊的天梯

2017年ADA世界水草造景大赛铜奖

2017年AGA世界水草造景大赛大缸组十佳

《德鲁伊的天梯》是以原始森林为主题创作的作品，展现了野性而神秘的原始森林。《德鲁伊的天梯》是上一个作品《梦之森源》的延续，《梦之森源》呈现的是森林的入口，而《德鲁伊的天梯》带领大家走进森林的深处。作品重点放在构图的上半部分，使用特殊性和重复性的手法，大量运用具有视觉压迫感的元素。选用下大上小的青龙石体现近大远小的关系，选用流木横跨在青龙石之间，再加上细小的杜鹃根突显藤蔓缠绕的感觉。作品的聚焦点停留在画面的上半部分，因此让观赏者有了置身森林底部，仰视头顶古树横生的感觉。结尾运用点光吸引和虚化的手法，使得观赏者不自觉地走向森林的出口。

缸体参数

- 缸体尺寸：120cm×50cm×50cm
- CO_2：1.5泡/秒，24小时
- 底床：尼特利火山石颗粒、化妆沙
- 生物：黑莲灯、草虾、青苔鼠
- 植物：黑木蕨、青木蕨、垂泪莫丝、水晶莫丝、贴面莫丝、珊瑚莫丝、辣椒榕、小美凤莫丝、绿藻球

- 灯光：150W（2盏），每天6.5小时
- 过滤：CF-1200、CF-600
- 素材：杜鹃根、水库木、青龙石
- 维护：每三天换水1/3

中间的通道部分大量使用了横向的杜鹃根，让视觉偏向仰视，营造压迫感，观赏者代入感会更强。

植物搭配上，树冠上用了水晶莫丝，横跨结构上的树干上用了珊瑚莫丝和垂泪莫丝，很好地还原了树干上的附生植物。阴暗的角落里用黑木蕨还原蕨类植物的形态。

3. 邀月

2021年AGA世界水草造景大赛特大缸组银奖

《邀月》的创作灵感来源于原始森林的峡谷地带，两侧高耸的悬崖上长满了各种蕨类植物，古树的根系紧紧地攀附在悬崖上，观赏者可以穿梭在密林峡谷之间。这个作品在构图中添加了大量暗区，利用光影的对比，形成有趣的视觉效果，使得仰视感更为强烈。

缸体参数

- 🔳 **缸体尺寸：**120cm×60cm×50cm
- 💧 **CO₂：**1.5泡/秒，24小时
- 🛏 **底床：**火山石、水葆泥
- 🐟 **生物：**喷火灯、青苔鼠、草虾、杀手螺
- 🌿 **植物：**珊瑚莫丝、垂泪莫丝、火焰莫丝、青木蕨、黑木蕨、日本珍珠草、趴地矮珍珠、辣椒榕、小美凤莫丝、绿藻球

- 💡 **灯光：**杰宠120（2盏），每天6小时
- 📖 **过滤：**底板过滤
- ✋ **素材：**沉木、杜鹃根、火山石、虾木
- ♻ **维护：**每10天换水1/3

为了营造仰视的效果，主木选用了一个尺寸很大、很有厚重感的沉木，通过倾斜摆放营造出压迫感。将虾木垂直摆放在缸的两侧，虾木上的镂空黑洞营造出悬崖峭壁的效果。然后一小块一小块增加木头，这个过程比较繁琐，而且要注意角度，做出仰视的感觉。

　　运用主副配结构给主体木头配上杜鹃根，增加各部分细节，提高完整度，然后用发泡胶固定。木头底部放上火山石，使骨架更稳固，也让路面轮廓更加明显。

　　因为这个作品的构图有大量的暗区，所以水草的选择和摆放也需要特别考虑。暗区大量种植不同种类的水榕，在光照比较强的地方种植趴地矮珍珠和垂泪莫丝，这两种水草长大后会垂下来，模拟悬崖上生长的植物。

经过两三个月的时间水草生长起来，景观的生命力开始展现。这时要对覆盖骨架的水草进行适度修剪，修剪下来的水草可以重新用在需要遮盖瑕疵的地方。此外，也要不断地对骨架做修改调整。

整个水草缸都是绿色调的水草略显单调，而作为点缀的喷火灯鱼一直都没有发色，最后只能加入红色水草进行提色。其实每个作品完成的时候都不是十全十美，或多或少都留有缺憾。

4. 万象森罗

2016年ADA世界水草造景大赛第19名
2016年AGA世界水草造景大赛中缸组冠军

《万象森罗》是一个90cm缸的水草造景作品,灵感来源于红树林地貌,盘根错节的根系伸入水中,给人一种充满生命力和神秘感的感觉。

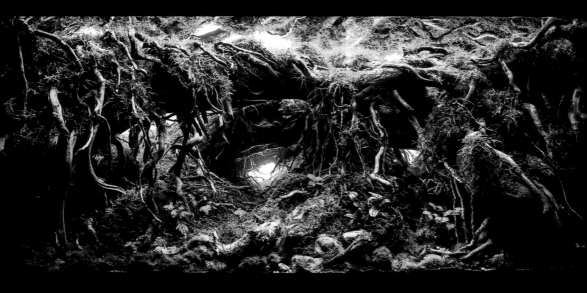

缸体参数

- 缸体尺寸:90cm×45cm×45cm
- CO$_2$:1泡/秒,24小时
- 底床:尼特利水草泥、化妆沙
- 生物:绿莲灯鱼、青苔鼠、草虾
- 植物:垂泪莫丝、绿袜莫丝、绿藻球、辣椒榕、迷你水榕、青木蕨、趴地矮珍珠

- 灯光:Opnova EZ-600,每天6小时
- 过滤:CF1200
- 素材:流木、沉木、杜鹃根、溪石
- 维护:每三天换水1/3

选用几根粗大的沉木作为主体支撑起整个作品。刻意把主体做大,可以很好地营造视觉冲击力,表现出大自然旺盛的生命力。在搭建这几根主木的时候,注意暗区的表现,暗区与亮区形成强烈对比,能增加作品的趣味性和张力。然后根据主木的比例,运用主副配结构进一步细化主体。作品中用到的细枝比较多,希望更夸张地表达根系的复杂和繁茂,进一步增强视觉效果。最后,再配上一些纹理并不出众的碎石。没有选择青龙石是因为青龙石纹理比较丰富,可能会削弱主体木头的效果。在制作这个景观的时候还没有景观发泡胶,对于这种几乎全是半沉木和流木的景观,

是比较考验耐性和搭建技巧的，大木头需要泡水直至沉底才能进行骨架细化的工作。现在可以选择方便的景观发泡胶对骨架进行固定，让木头和石头合为一体增加重量，而不至于加水后浮出水面骨架散架。

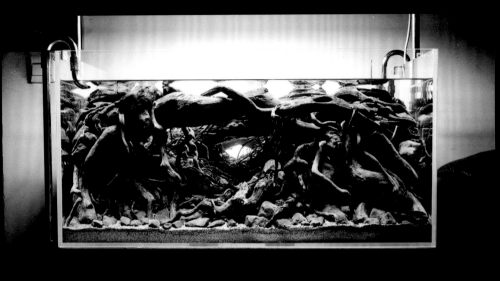

　　水草配置方面选用垂泪莫丝作为主要用草，垂泪莫丝下垂的形态能很好地配合细枝的形态，诠释出作品所需要的形态感。作品暗区选用了绿藻球，这是一种几乎不需要光照也能生长的水草。弱光下展现出的暗绿色搭配繁杂的细根形态，令作品暗部也能展现出剪影艺术的效果。为了使作品用草不至于太单调，前景点缀性地使用了辣椒榕、青木蕨、迷你水榕等水草。像这种以骨架姿态为主体的水草造景，不建议使用太多不同形态、不同颜色、不同品种的水草，否则容易使作品显得杂乱，削弱骨架本身的力量感。相反，如果是以表现水草形态为主的造景，比如荷兰景，则应该多展现不同品种水草的叶形、颜色和形态对比。

水草造景是一件有生命的艺术品，下面三幅图展现了水草在不同时期的生长情况，分别是开缸图、一个月图和三个月图。最终的成景照是拍摄于开缸后四个月。水草造景并不像一般的陈设物，买回来放在家中观赏就可以，它需要悉心照料才能表现出最终的理想状态。

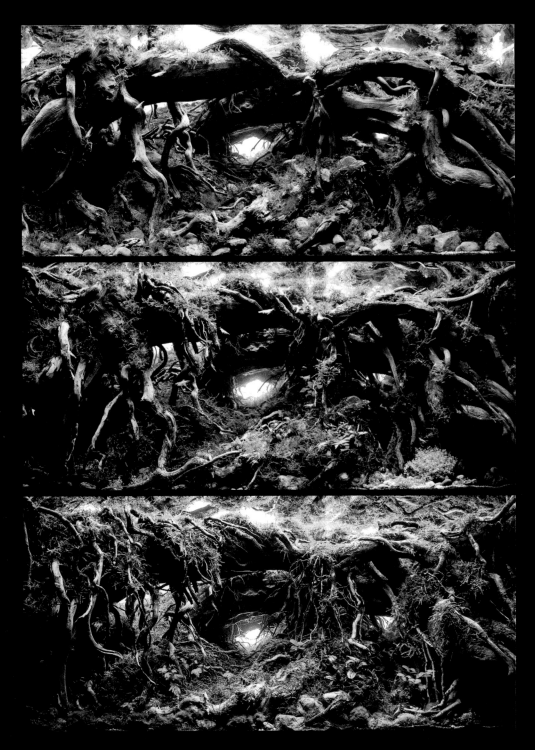

5. 逆行的世界

2016年AGA世界水草造景大赛中缸组十佳

《逆行的世界》是一个90cm缸的水草造景作品，创作灵感来源于水底溶洞，给人一种幽深的神秘感。

缸体参数

- 🔲 **缸体尺寸：** 90cm×45cm×45cm
- 🌡 **CO₂：** 1泡/秒，24小时
- 🛏 **底床：** 尼特利水草泥、化妆沙
- 🐟 **生物：** 火翅金钻灯、青苔鼠、草虾
- 🌿 **植物：** 垂泪莫丝、珊瑚莫丝、迷你水榕、趴地矮珍珠、绿藻球、青木蕨、南美针叶、日本珍珠草、牛毛草

- 💡 **灯光：** Opnova EZ-600，每天6小时
- 📑 **过滤：** CF1200
- ✋ **素材：** 杜鹃根细枝、松皮石
- ☣ **维护：** 每三天换水1/3

对于造景，个人理解并不是原封不动地模拟自然景观，应该是把众多画面和个人情感融合起来，经过提炼加工，最后创作出具有个性的作品。水草造景不单是一个骨架的模型场景，造景是有生命的；需要综合考虑很多因素。在本作品，如何平衡营造洞穴神秘感所需要的暗部和水草生长所需要的亮部是一个重要问题。暗部太多，虽然会有很强烈的明暗对比和神秘的氛围，但是植物的数量必然会减少，因为植物生长需要光合作用。亮部太多，整个场景都照亮了，就会缺乏洞穴的神秘气氛。这个作品使用了层排列的技法解决这个问题，层与层之间留有一定的空间，让光线能够透过水面照到水底，从正面看也不失去层次感和透视感。在某些层与层之间封闭空间，营

造黑暗面，保留洞穴的神秘感。那么用什么素材表现溶洞的钟乳石呢？自然不能直接选用钟乳石，首先钟乳石会使水质变硬，不能用在水草缸里，其次也很难找到这么小的钟乳石，因为缸尺寸只有90cm×45cm×45cm。去素材商那里挑选素材的时候，偶然发现了松皮石的形态很符合这个场景，于是素材就确定下来了。

开始搭建骨架。倒立部分的石头是一块一块用云石胶粘在一起的。这个景的难点在于把合适的石头粘在合适的位置，得到一个舒服的视觉效果。云石胶的干燥需要一定时间，在正式将石头黏合前，需要挑选合适的石头，模拟将它粘在某个位置的效果，因为一只手拿着石头，所以脸只能贴在缸前面观察石头的大概效果。但是等将石头粘好之后，走到缸前再看效果，可能会发现与之前有所偏差，因为观察的距离不同。因此只好把石头掰掉重新粘，这个过程会反复多次，有时候胶粘得太牢，会把石头掰坏，因为松皮石比较松软。当然，有些细节位置还是需要请其他人帮忙拿着，看好位置后再粘上，这是一个很需要空间想象力的工作。

有时候也可以在骨架的图片上把想要的效果以草图的形式绘制上去，看是否合理，然后再实施。

经过重复的粘石、拆石、粘石，骨架终于基本完工。注水看看光影效果，基本上的明暗对比、层次感、透视感都出来了。

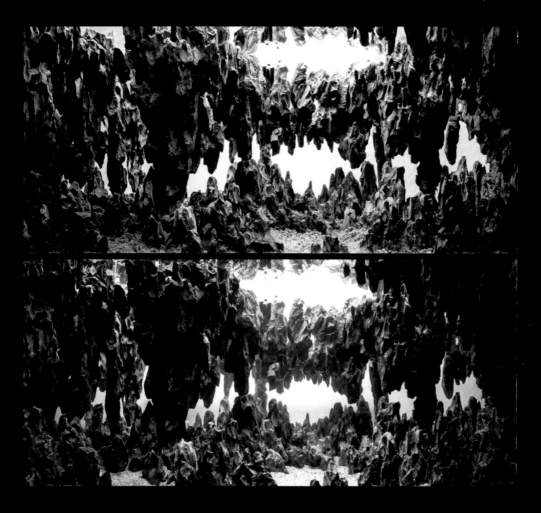

接下来为骨架赋予生机。水草的选择以垂泪莫丝为主，营造洞穴峭壁上的攀附植物和苔藓。地面种植趴地矮珍珠，在石缝之间肆意生长，充满生机。后景草选择牛毛草作为远景的虚化和过渡。在植物生长的同时，对骨架进行进一步的细化和完善，提高作品的完成度。

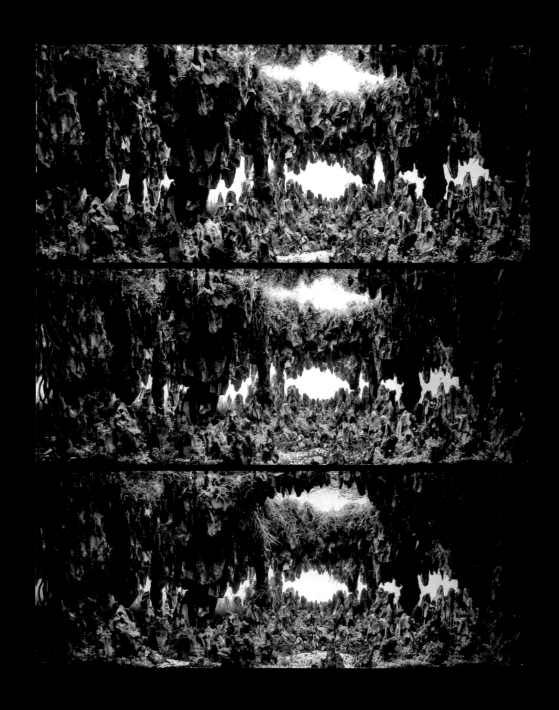

缸体参数

- ⊡ **缸体尺寸：** 90cm × 45cm × 45cm

- ⊙ **灯光：** Opnova EZ-600，每天6小时

- ⊛ **CO$_2$：** 1泡/秒，24小时

- ⊜ **过滤：** CF1200

- ⊡ **底床：** 尼特利水草泥、化妆沙

- ⊗ **素材：** 青龙石

- ⊛ **生物：** 扯旗灯、青苔鼠、草虾

- ⊛ **维护：** 每三天换水 1/2

- ⊛ **植物：** 水晶莫丝、珊瑚莫丝、绿藻球

骨架搭建运用了大量的青龙石，青龙石纹路多变、形状奇特、颜色偏冷，是制作山景的良好选择。搭建时遵循黄金分割比例，利用峡谷和溪流把山体分成两部分。这个缸体运用了大量的青龙石，因此对水质影响很大，主要通过每三天换一次水来调节水质。造景骨架完成并不代表完全结束，还要在水草生长之后根据需要做出进一步的调整和细化。

因为要表达一个大场景，所以水草的品种和数量不多，最好选择叶子细小的水草。近景用水晶莫丝和珊瑚莫丝等看上去清晰可辨的水草搭配体积比较大、纹路明显的石头，远景则利用绿藻球搭配碎石，营造出一种山势连绵的感觉。素材的比例跟水草的比例要恰当协调，这样才能呈现出理想的效果。下图是水草刚种植好的样子，看起来有些稀疏。

经过 4 个多月，水草生长状态逐步稳定，作品越来越丰富和完善。后期对作品进行了修改，增加了瀑布、迂回的山涧和透光的山洞，使观赏者能感受到更多的趣味点。